Das menschliche Genom – ethisch betrachtet

# BLICKPUNKT ETHIK

herausgegeben in Zusammenarbeit
mit dem Europarat (Straßburg)

Band 1

LIT

# Das menschliche Genom – ethisch betrachtet

zusammengestellt von

Jean-François Mattei

LIT

Übersetzung aus dem Englischen.

Die inhaltliche Verantwortung für die deutsche Übersetzung liegt beim LIT VERLAG.

Die Publikation dieser Übersetzung von „Ethical Eye: the human genome" wird durch den Europarat unterstützt.

**Bibliografische Information Der Deutschen Bibliothek**
Die Deutsche Bibliothek verzeichnet diese Publikation in der Deutschen Nationalbibliografie; detaillierte bibliografische Daten sind im Internet über http://dnb.ddb.de abrufbar.

ISBN 3-8258-7912-7



Grevener Str./Fresnostr. 2 48159 Münster
Tel. 0251–23 50 91 Fax 0251–23 19 72
e-Mail: lit@lit-verlag.de http://www.lit-verlag.de

# Inhalt

## Vorwort

Die rasante Beschleunigung des wissenschaftlichen und technologischen Fortschrittes eröffnet uns Menschen ständig wechselnde Aussichten voller Hoffnungen und voller Befürchtungen. Wie diese Veröffentlichung zeigt, bedeuten die neuesten Entdeckungen in der Genetik, dass es nun möglich geworden ist, den Menschen selbst genetisch zu verändern. Dies wirft jedoch ethische Fragen darüber auf, wie dieses neue Wissen verwendet und kontrolliert werden soll.

Vor diesem Hintergrund entsteht ein wachsendes Bedürfnis nach einer wirklich demokratisch geführten Debatte über die zahlreichen Herausforderungen, die sich aus dem wissenschaftlichen und technologischen Fortschritt ergeben. Mit dem Ansinnen, solch eine Debatte zu fördern, hat der Europarat sich zum Start dieser neuen Publikationsreihe entschlossen. Sie soll sich auf die ethische Dimension konzentrieren und der erste Band ist dem Humangenom gewidmet.

Wollen wir reduktionistische Vereinfachungen und Manipulationen vermeiden, die oft zu Tragödien führen, so muss in all unseren Mitgliedsländern die Öffentlichkeit mit den relevanten Informationen versorgt werden, damit sie sich aktiv an der Debatte beteiligen kann.

Als Generalsekretär des Europarates möchte ich betonen, dass der Start einer solchen Publikationsreihe zur Ethik im Einklang mit einer Organisation steht, die darauf abzielt, in ganz Europa ein Ideal der Menschlichkeit zu fördern, das auf dem Respekt für die Rechte des Einzelnen und die Menschenwürde sowie auf demokratischen Werten beruht. Durch diese Publikationsreihe will der Europarat seine Vorstellungen im Geiste der Kohärenz und der Offenheit mit der Öffentlichkeit teilen.

## Beitragende Autoren

Jean-François Mattei

Professor Jean – François Mattei ist Professor für Pädiatrie und Genetik, Mitglied des französischen Parlaments für den Bezirk Bouches – du – Rhône und der Parlamentarischen Versammlung des Europarates sowie Präsident der parlamentarischen Gruppe der Liberaldemokraten und Unabhängigen. Er regte die französischen Gesetze über Bioethik an (1994) sowie über die Reform der Adoptionsbestimmungen (1996 und 2000). Erst kürzlich in der Akademie der Medizin aufgenommen, interessiert er sich sehr für Gesundheitsthemen und ist Verfasser zahlreicher Artikel auf diesem Gebiet. Außerdem war er Rapporteur bei der Untersuchung im Zusammenhang mit BSE und initiierte kürzlich über das Internet eine Petition gegen Genpatentierung.

Paul Billings

Dr. Paul Billings ist Mitgründer von GeneSage und Chefredakteur von *GeneLetter*. Als Experte für klinische Genetik und die Auswirkungen der Gentechnologie auf die Gesellschaft arbeitete er zunächst als Professor und Forscher in Harvard und Stanford, bevor er eine Karriere als virtueller Unternehmer begann. Außer der Monographie *DNA on Trial: genetic identification and criminal justice* hat er mehr als 100 Artikel und Buchkapitel veröffentlicht.

Sophia Koliopoulos

Sophia Koliopoulos ist Redakteurin von *GeneLetter*. Sie blickt auf eine eigene Forschungstätigkeit über Molekulargenetik an der Universität von New York zurück und hatte einen Lehrauftrag für Biologie. Außerdem besitzt sie berufliche Erfahrungen in Journalismus.

Juan – Ramón Lacadena

Juan – Ramón Lacadena, Professor für Genetik, Leiter der Abteilung für Genetik an der Fakultät für Biologie an der Universidad Complutense de Madrid, Spanien und Gründungsmitglied der Spanischen Gesellschaft für Genetik, der er auch als Sekretär (1973 – 1985) und Präsident (1985 – 1990) diente. Er ist Mitglied des Wissenschaftlichen Komitees der Internationalen Gesellschaft für Bioethik (SIBI, Spanien) und Autor zahlreicher Publikationen, die Universitätslehrbücher, Artikel und etwa siebzig Publikationen über Genomik umfassen.

Jean Dausset

Nobelpreisträger für Medizin (1980). Professor Jean Dausset erwarb seinen Doktortitel der Medizin an der Medizinischen Fakultät in Paris. Vor seiner

Ernennung zum Professor für Experimentelle Medizin am Collège de France im Jahre 1977 war er Assistenzprofessor, danach Professor der Immunohämatologie an der Medizinischen Fakultät Paris. Er widmete seine wissenschaftliche Karriere der Erforschung des Haupthistokompatibilitätskomplexes (MHC) am Menschen, unter Verwendung von Hauttransplantationen Freiwilliger, zum Nachweis der Bedeutung des MHC bei Transplantationen. Im Jahre 1984 gründete er ein Forschungslabor, das Centre d'Etude du Polymorphisme Humain (CEPH), jetzt umbenannt in Fondation Jean Dausset, welches die physische und genetische Karte des Humangenoms konstruiert und die Identifizierung von Genen, die für Erbkrankheiten verantwortlich sind, zum Ziel hat.

Robert Manaranche

Professor Robert Manaranche ist studierter Neurobiologe und Doktor der Naturwissenschaften. Er war als Dozent für die Universität von Paris VII tätig (Denis Diderot), während er seinen eigenen Forschungsarbeiten in einem CNRS-Labor für Neurobiologie nachging. Bis 1991 hatte er den Posten als Wissenschaftlicher Direktor des französischen Verbandes gegen Myopathie (AFM) inne. 1990 war er an der Gründung des Généthon-Labors beteiligt und wirkte von 1995 – 1998 als dessen Präsident. Gegenwärtig arbeitet er als wissenschaftlicher Berater für den Präsidenten von AFM an der wissenschaftlichen Überprüfung neuer Entwicklungen in der Genetik und die daraus ableitbaren Therapiemöglichkeiten.

Mike Furness und Kenny Pollock

Mike Furness und Dr. Kenny Pollock arbeiten beide am LifeExpress Lead – Programm für Incyte Genomics, Cambridge, England. Mike Furness ist Leiter des Programmes, Kenny Pollock Projektmanager. Mike Furness war tätig an der School of Pharmacy der Universität London, am Nationalen Institut für Medizinforschung und für den Imperial Cancer Research Fund, wo er an PE – applizierten Biosystemen arbeitete. Er ist außerdem Mitglied der Arbeitsgruppe Molekularpharmakologie der Zentralen Forschungsabteilung von Pfizer.

Kenny Pollock hat einen wissenschaftlichen Hintergrund in Pharmakologie und zellulärer Signalübermittlung, nach einer Forschungstätigkeit in Cambridge und für ICI Pharmaceuticals, jetzt AstraZeneca. Vor seiner Tätigkeit bei Incyte wirkte Dr. Pollock bei RPR in Dagenham, jetzt Aventis, an der Verwirklichung präklinischer Projekte zur Erforschung neuer Arzneimittel mit.

Bartha Maria Knoppers

Professorin Bartha Maria Knoppers ist Inhaberin des Kanadischen Lehrstuhls für Recht und Medizin. Sie ist Professorin für Recht an der Rechtsfakultät der Universität von Montreal, wo sie das Projekt "Genetik und Gesellschaft" leitet. Sie ist auch Vorsitzende des Internationalen Ethikkomitees von HUGO (Humangenom – Organisation).

Jens Reich

Professor Dr. Jens Reich ist Doktor der Medizin und Professor für Bioinformatik der medizinischen Fakultät (Charité) der Humboldt Universität Berlin. Außerdem ist er Leiter der Abteilung für genomische Bioinformation am Max – Delbrück-Zentrum für Molekularmedizin. Sein Forschungsbereich beinhaltet die Analyse des Humangenoms zur Anwendung bei Herz – Kreislauf – Erkrankungen und die Erstellung einer Relation zwischen genetischer Konstitution und Lebensstil bei der Entstehung chronischer Stoffwechselschäden, wie zum Beispiel Arteriosklerose und Diabetes. Er hat für zahlreiche Magazine und Journale geschrieben und engagiert sich in der Bundesrepublik Deutschland für Politik.

# Einführung

## Die Geburt der Humangenetik

Die zweite Hälfte des zwanzigsten Jahrhunderts war Zeuge, wie sich die Humangenetik als Herzstück der wissenschaftlichen Revolution rasant entwickelte. Sie hat sich rasch als eine neue und ursprüngliche wissenschaftliche Disziplin etabliert und tangiert die Essenz des Menschseins. Aber die Genetik gibt es schon so lange, wie Ehepaare bemerkt haben, dass ihr gemeinsames Kind die Augen oder Ohren des Vaters oder der Mutter besitzt. Wo es um das Phänomen der Ähnlichkeit geht, wurde der Gedanke, dass bestimmte Merkmale von Generation zu Generation weiter vererbt werden, sehr schnell verstanden. Jahrhunderte lang war die Weitergabe von Erbmerkmalen an die Blutlinie gebunden und die Geschichte kennt eine Menge Beispiele, die dies bestätigen. Als Beispiel sei hier nur die Hämophilie genannt, die Queen Viktorias Dynastie bis zu ihrem Aussterben verfolgte. Im neunzehnten Jahrhundert wurde die Genetik durch die Theorien von Lamarck, die Beobachtungen von Darwin und die Forschungen von Mendel aus ihrem Schlummer gerissen [1].Zu Beginn des 20. Jahrhunderts kam es zur Wiederentdeckung der Gesetze der Vererbung durch Morgan und seine Studien über *Drosophila melanogaster*, besser bekannt als Fruchtfliege. Die Genetik wurde also nicht erst gestern geboren.

## Die Humangenetik ist neu

Dennoch ist die Humangenetik als solche noch recht jung und hat sich erst vor Kurzem auch in der Medizin als eigene wissenschaftliche Disziplin etabliert. Damit das möglich wurde, musste eine ganze Anzahl von Elementen zusammentreffen:

Die Entdeckung der Struktur des DNA – Moleküls im Jahre 1953 und der Anzahl der menschlichen Chromosomen 1956, gefolgt von der Beschreibung der ersten chromosomal bedingten Erkrankungen nach der Entdeckung der Trisomie 21 im Jahre 1959. Gleichzeitig kam es zu großen technologischen Fortschritten in der Zytogenetik und Molekularbiologie. In diesen Zeitraum fiel

[1] siehe *Anhang I*

auch die Erkenntnis, dass eine eindeutige Verbindung zwischen bestimmten identifizierten Genen und dem Erscheinen genetischer Erkrankungen besteht.

Aber gleichzeitig kam es zu revolutionären Veränderungen bei den Anforderungen des öffentlichen Gesundheitswesens. Verbesserte Therapien von Infektionskrankheiten und Fortschritte in der Neugeborenenversorgung führten zu einer bedeutenden Senkung der Kindersterblichkeit. Die Neonatologie konzentriert sich mittlerweile auf die Häufigkeit von Fehlbildungen, angeborene Behinderungen und genetische Erkrankungen, die 3 % der Neugeborenen betreffen. Nun treten Prävention und Therapie genetisch bedingter Erkrankungen in den Vordergrund, und das um so mehr, seit eine funktionierende Schwangerschaftsverhütung die bis dahin größte Sorge der Paare, nämlich die Anzahl der Kinder zu begrenzen, gelöst hat. Da nun eine kontrollierte Familienplanung stattfinden kann, richten die Paare ihre Aufmerksamkeit spontan auf die Qualität der Nachkommen. So haben wir hier neue Elemente, die das Zusammentreffen neuer Bedürfnisse und eine Veränderung der Mentalität reflektieren.

## Humangenetik als originäre Disziplin

Bei der Humangenetik scheint es sich auch um eine sehr eigenständige Disziplin zu handeln. Abgesehen von sehr wenigen Ausnahmen hat sie noch nicht im Bereich der Therapie Einzug gehalten. Seltsamerweise benötigen wir sie jedoch zum Verstehen der Vergangenheit, zur Erklärung der Gegenwart und zur Voraussage der Zukunft. In diesem Sinne haben die Genetiker die Rolle der modernen Sterndeuter übernommen und die Kristallkugel durch das Studium der Gensequenz ersetzt.

Wir haben also eine Situation, in der von den Genetikern oft verlangt wird, über noch nicht existierende Lebewesen oder über das Ausbrechen einer hypothetischen Erkrankung Vorhersagen zu treffen. Man befragt sie über den Gesundheitszustand eines noch ungeborenen Kindes oder über die Unvermeidlichkeit eines vorhergesagten Schicksals. Hier kann interessanterweise eine Parallele zur Geschichte der medizinischen Mikrobiologie gezogen werden, die vor über einem Jahrhundert begann. Nach der Entdeckung der Bakterien dauerte es noch einige Dekaden bis zur Entwicklung von Impfstoffen und Antibiotika. Ähnlich haben wir wohl nach der Entdeckung der Gene noch ein Jahrhundert an Arbeit über genetische Medizin vor uns, und zweifellos wird es noch einige Jahrzehnte dauern, bis wir gelernt haben, genetisch bedingte Krankheiten effektiv zu verhindern und zu heilen.

Ein noch auffälligeres Merkmal der Genetik ist die Tatsache, dass sie generell aus der Sphäre der Individualmedizin heraustritt und sich auf Paare, Familien und sogar ganze Populationen konzentriert, denn Gene sind unser gemeinsames Gut. Genetik ist nicht allein Angelegenheit einer Diskussion zwischen Arzt und Patient, denn im Allgemeinen ist eine ganze Familie vom Vorhandensein eines schädlichen Gens betroffen. Ein Gebot der Genetik ist es deshalb, einerseits den Respekt vor der Privatsphäre des Individuums mit einem legitimen Anspruch auf die Vertraulichkeit der ihn oder sie betreffenden Informationen zu wahren, und dennoch dem Interesse der Gesellschaft gerecht zu werden, die mit dem gleichen Recht vor einer erkannten und vorhersagbaren Erkrankung Schutz verlangen kann. Auf der einen Seite steht das sakrosankte Gebot der Vertraulichkeit und ärztlichen Schweigepflicht, auf der anderen die unbedingte Verpflichtung, einem Menschen in Gefahr zu helfen.

## Genetik und Menschheit

Weil die Genetik sich auf die Menschen innerhalb ihres sozialen Umfeldes konzentriert, rührt sie in der Tat an die Grundlagen der Menschheit, und zwar in erster Linie in ihrem historischen Aspekt, wie es von zahlreichen Bemühungen, die Geschichte zu politischen Zwecken aus ihren Bahnen zu reißen, bezeugt wird. Aus ganz offensichtlichen Gründen weckt die Assoziation von Genetik und Politik unerträgliche Erinnerungen, gibt das Stichwort für extreme Befürchtungen und rechtfertigt endlose Vorsichtsmaßnahmen. "Genetik", "Eugenik" und "Genozid" sind alles Begriffe, die unvermeidlich die Frage nach unserer historischen Menschheit aufwerfen, denn sie liegen am Ursprung des Begriffes des "Verbrechens gegen die Menschheit."

Aber die Genetik rührt auch an das Menschsein in ihrer spirituellen Dimension. Die meisten der aufgeworfenen Sachfragen betreffen sowohl das Leben als auch den Tod, in anderen Worten die sterbliche Natur des Menschen [2]. Immer auf der Suche nach seiner Identität, seinem Ursprung und letztendlich seinem Ziel schlummert in jedem Menschen ein geheimer Wunsch nach Unsterblichkeit. Aber bis jetzt ist die einzige Entgegnung auf den Tod die Zeugung von Nachkommenschaft. Dann sind offensichtlich alle Probleme der Unfruchtbarkeit und Fehlbildungen Hindernisse auf diesem Weg und die Genetik, sowohl Ursache als auch Heilmittel, steht am Kreuzungspunkt der ultimativen

[2] Anmerkung des Herausgebers: Mensch im Sinne von Menschheit

Fragen. Jenseits der physischen und moralischen Leiden gewinnt unvermeidlich die metaphysische Dimension die Oberhand.

## Das Humangenom – Projekt (HGP)[3]

In diesem Kontext entstand das Projekt der Sequenzierung des Humangenoms in seiner Gesamtheit. Ein verrücktes Unternehmen, das schon mit dem Apollo – Unternehmen zur Eroberung des Weltalls verglichen wurde. Es ist der Traum, das zu entschlüsseln, was in Anlehnung an bestimmte Metaphern das "große Buch des Lebens" oder das "genetische Programm" genannt wurde, und was zufällig die falsche Vorstellung bestätigt, dass das Leben eine im Voraus geschriebene Geschichte sei und den Anweisungen eines Computerprogramms gehorchen könnte. Es sind, zweifellos diese Begriffe, die zur Entstehung eines schrecklichen Missverständnisses führten, das nie ganz ausgeräumt wurde – welches die Genetik als ein neue Form von Ideologie verstand. Glücklicherweise sprechen die Fakten eine ganz andere Sprache, und die meisten neueren Ergebnisse der Sequenzierung des Humangenoms sind sehr "beruhigend", obwohl sie für die nächste Zukunft noch sehr viele Fragen offen lassen.

## Identifizierung der Gene

Es begann mit der allmählichen Identifizierung der Gene, als die Genetiker geduldig den Faden der DNA von den Algen zum *Homo sapiens* nachzeichneten, langsam ihre Sprache entschlüsselten, und dabei die universelle Natur des Gencodes demonstrierten. Auf diese Weise hat der Gencode den innewohnenden Zusammenhang der lebendigen Welt bewiesen und ihr Einheit verliehen. Von nun an werden Fragen nach dem Platz des Menschen im Universum und noch mehr die Fragen nach der Stellung des Menschen in der Ordnung der Lebewesen anders gestellt werden. Hinter der Identifizierung der Gene taucht die Frage einer Trennlinie zwischen "menschlich" und "nicht menschlich" mit neuer Schlagkraft auf, mit der Erkenntnis, dass menschliche und nicht menschliche Gensequenzen so nahe beieinander liegen, dass es Verwirrung stiftet. Gibt es denn einen fundamentalen Unterschied zwischen einem menschlichen und einem nicht menschlichen Gen?

Der Versuch, bestimmte Gene zu isolieren, führte schließlich zu ihrer Identifizierung, und es gelang bald der Nachweis der günstigen und auch der we-

---

[3] siehe Seite 34

niger günstigen Gene. Dabei wurde ein anderes Ziel verfolgt, das zwei Arten von Problemen aufwirft. Auf der einen Seite betreffen diese die relative Bedeutung, die den Genen im Lichte ihrer Umgebung beigemessen werden sollte, denn würde man nur in genetischen Begriffen denken, gäbe es die Tendenz, die realen Effekte der Umwelt auf die Mutation von Sequenzen und die Modulation von Genexpression falsch zu beurteilen. Auf der anderen Seite existieren die Aspekte der Selektion und Elimination, im Hinblick auf den Erhalt vorzugsweise der besten und die Eliminierung der schlechteren Gene. Allein in genetischer Hinsicht steht viel auf dem Spiel: denn wenn die Natur Selektionsdruck ausübt, könnte dann andererseits die Genselektion durch den Menschen nicht wieder Druck auf die Natur ausüben? Ökosysteme haben ein empfindliches Gleichgewicht und hier lautet das Thema "Gesamtheit der Biodiversität gegen Bioselektivität".

Außerdem werfen die neueren Erkenntnisse über die fast abgeschlossene Sequenzierung des Humangenoms zahlreiche Fragen auf. Die Tatsache, dass der Mensch nur etwa 30 000 Gene aufweist, stellt einige frühere Vorstellungen auf den Kopf. Die Komplexität des Menschen hat nichts mit der Anzahl seiner Gene zu tun, denn er besitzt nicht viel mehr als eine Fliege oder ein Wurm. Vor uns öffnet sich eine ganze Anzahl neuer Forschungsbereiche, in denen wir nach einem besseren Verständnis des Ursprungs der unendlichen Komplexität der Menschen suchen können. Dies ist die neue Disziplin der Genomik: Sie befasst sich mit der Interaktion der Gene, mit der Rolle der nicht kodierenden DNA, mit Transkriptionsmechanismen (Transkriptome) und Proteinen selbst (Proteome) und wahrscheinlich mit noch anderen Phänomenen, die wir zur Zeit noch gar nicht erfassen können.

## Wessen Eigentum sind die Gene?

Die Frage, wem die Gene eigentlich gehören, wirft sicher mindestens so viele Fragen auf wie ihre Identifizierung. Die Probleme, die durch die Patentierbarkeit lebender Materie entstehen, sind wohlbekannt, und die Debatte zwischen den einzelnen Kulturen, die sich in ihren Ansichten grundsätzlich unterscheiden, ist noch längst nicht vorbei. Der Unterschied zwischen Entdeckung und Erfindung wurde ausführlich diskutiert: Der Begriff "Entdeckung" bezieht sich auf etwas, das vorher nicht bekannt war und dessen man sich erst bewusst wird, während der Begriff "Erfindung" etwas beschreibt, was sich mittels Intelligenz und Innovation ableiten lässt und die Errungenschaften der Menschen bereichert. In welchem Umfang kann man an lebender Materie Eigentum erwerben, die aufgrund ihrer Natur schon vorher existierte? Kann man auf einen Aspekt lebender Materie, die Teil unseres gemeinsamen lebenden Erbes ist, exklusive kommerzielle Rechte erwerben? Gehört diese lebende Materie nicht allen Menschen gemeinsam? Auf diese Weise formuliert, scheint es nicht akzeptabel, besonders da die Konfiszierung von Wissen eine Form von Geiselnahme der Zukunft ist. Auf diese Weise schafft man eine neue Form organisierter wirtschaftlicher Abhängigkeit und erweitert den Graben der Ungleichheit, der die Industrienationen von den Schwellenländern trennt. Andererseits – sind die drei zusätzlichen Anforderungen für gewerbliches Eigentum erfüllt, nämlich Neuheit, Erfindung und industrielle Anwendbarkeit – dann wird Patentierbarkeit logisch und sogar notwendig.

## Die Verwendung von Genen

Die Frage nach der Verwendung von Genen muss zunächst durch konventionelle Messgrößen geeicht werden, die vor allem Indikatoren des gesunden Menschenverstandes und universell als Regeln anerkannt sein müssen. "JA" zur Verwendung von Genen, wenn sie der Heilung der Menschen dienen, "NEIN", wenn sie den Menschen schaden. Ich karikiere diese selbstverständliche Position nur aus einem Grunde, nämlich um die Vorurteile, die hinter bestimmten Ausdrücken wie z.B. "Genmanipulation" lauern, im Keim zu ersticken. Die Wahl bestimmter Worte erfolgt nie unschuldig. Bestimmten Kreisen ist es nur recht, dass die öffentliche Meinung glaubt, die Menschheit gäbe der Versuchung nach, die Essenz des Lebens selbst zu manipulieren, und nicht immer mit den besten Absichten. Niemand kann vergessen, dass der Mensch nie darauf verzichtet hat, sein theoretisches Wissen in der Praxis zu testen, auch wenn das Experiment zu einem späteren Zeitpunkt aufgegeben werden musste.

Gerade in diesem Kontext und gegen den Strom, kommt das magische Wort "therapeutisch" ins Spiel. Niemand beklagt sich, wenn es darum geht, Gene aus Fremdzellen einzuführen, um daraus therapeutische Substanzen zu erhalten, z.B. Insulin, Wachstumshormon oder Interferon, um nur wenige Beispiele zu nennen. Es geschieht sogar mit einer gewissen Bewunderung, dass die Menschen einen neuen Typ der pharmazeutischen Industrie begrüßen. Auch hört man wenig Kritik, wenn Gene zu Therapiezwecken in Pflanzen oder Tiere verbracht werden. Pflanzen, die Impfstoffe produzieren oder genetisch modifizierte Tiere, die als Quellen für Humanalbumin oder Gerinnungsfaktoren dienen, werden vollständig akzeptiert, so lange die Regeln der Tierethik respektiert werden, wie zum Beispiel bei der Genmodifizierung von Schweinen, die im Hinblick auf Herzverpflanzungen auf den Menschen erfolgt.

## Der Inhalt dieser Publikation

All diese gerade aufgeworfenen Fragen verdienen eine detaillierte Analyse aus dem Blickwinkel verschiedener Spezialisten, so dass wir uns einen klaren Überblick über die Debatte verschaffen und die Themen in ihrer ganzen Bandbreite erfassen können. Ärzte, Natur – und Rechtswissenschaftler, Philosophen und Politiker argumentieren alle von unterschiedlichen Standpunkten aus. Auch Bürger und Verbände, die in bestimmten gesellschaftlichen Bereichen aktiv sind, einschließlich der Selbsthilfeverbände, äußern ihre Meinung. Vom Ethischen her ist eine möglichst objektive Darlegung der Themen von fundamentaler Bedeutung, so dass gemeinsame Lösungen vorgeschlagen werden können, die für unsere menschlichen Gesellschaften annehmbar sind und unsere Vorstellung vom Menschen sowie einen angemessenen Respekt für die Würde des Menschen widerspiegeln. Es ist diese Art von Lösungsansatz, welche die Basis für ethische Fragestellungen bildet.

Verschiedene Länder haben schon gesetzgeberische Vorkehrungen getroffen und in den verschiedenen Bereichen, in denen biomedizinische Ethik eine Rolle spielt, die wichtigsten Richtlinien oder Prinzipien festgelegt. Aber nationales Recht reicht nicht aus in einer Welt, in der Handel und Wettbewerb so weit gehen, dass gemeinsame Regelungen erforderlich sind. Bestimmte internationale Organisationen tendieren durch ihre Art dazu, einen ökonomischen Ansatz dieser Probleme zu betonen. Dieser Ansatz mag vielleicht legitim sein, ist aber im Hinblick auf die Art der Herausforderungen nicht ausreichend. Diese übersteigen bei weitem die ökonomischen Aspekte und umfassen insbesondere philosophische, moralische und metaphysische Betrachtungen, welche die treibende Kraft hinter der Sinnsuche des Menschen sind.

Alle Organisationen, die stärker an der Aufrechterhaltung der Menschenrechte orientiert sind, wie zum Beispiel die UNESCO oder der Europarat, haben die Aufgabe, zum Entwurf von Grundlagentexten für eine Welt beizutragen, die eine harmonische Verbindung zwischen wissenschaftlichem Fortschritt und Menschenwürde anstrebt. Es ist der Zweck dieser Organisationen, uns regelmäßig darauf hinzuweisen, dass der Fortschritt dem Menschen dienen muss und dass der Mensch selbst nicht zum Instrument des Fortschritts werden darf. Das Ziel der Konvention über Menschenrechte und Biomedizin von Oviedo, erstellt im Jahre 1997 unter den Auspizien des Europarates, war die Schaffung eines Grundlagenrahmens für Ethik in der Biomedizin [4]. Die Diskussion wird gegenwärtig mit dem Steuerkomitee des Rates für Bioethik (CDBI) fortgeführt, und zwar im Hinblick auf die Vorbereitung zusätzlicher Protokolle über spezifischere Probleme, wie das Klonen von Menschen, Organtransplantationen oder Embryonenforschung. Auch die Parlamentarische Versammlung des Europarates hat kürzlich Empfehlungen zum Schutz des Humangenoms vor wirtschaftlicher Ausbeutung und zur Errichtung eines Rahmens für seine Verwendung ausgesprochen [5].

In diesem Denkrahmen wurde diese Publikation erstellt. Sie soll dem Leser auf einfache und lehrreiche Weise den Zugang zu verschiedenen Schlüsselinformationen über das Humangenom erleichtern, so dass wirklich jeder seine eigenen Entscheidungen treffen und aktiv an der Debatte teilnehmen kann.

Den Anfang macht der Beitrag von Dr. Paul Billings, der sich auf eine Reihe fundamentaler Fragen konzentriert: Was ist das Humangenom? Wozu dient seine Sequenzierung? Innerhalb welcher Grenzen können wir unsere Kenntnisse über das Humangenom verwerten? Professor Juan – Ramón Lacadena betrachtet den Schritt von der Genetik zur Genomik, die genetische Art und Verschiedenheit der Menschheit und zählt die Elemente auf, die ein Kodex der Humangenetik enthalten müsste. Mit Professor Jean Dausset verfolgen wir die Herausbildung des Konzepts der Präventivmedizin und seine Entwicklung in Verbindung mit dem Fortschritt in der Genetik, unter Betonung der ethischen Grenzen, die nicht überschritten werden dürfen. Professor Manaranche beschreibt die Hoffnungen, die in die Gentherapie gesetzt werden, und ihre anfänglichen Erfolge, und analysiert die möglichen unterschiedlichen Ansätze für diesen neuen Zweig der Medizin. Mike Furness und Dr Kenny Pollock befassen sich mit den wirtschaftlichen Aspekten der Verwertung des Humangenoms, unter besonderer Berücksichtigung der Genomik und der pharmazeutischen Industrie mit all ihren Entwicklungen. Professor Bartha Maria Knoppers betrachtet die kontroversesten Aspekte des Humangenoms: Handelt es sich um individuelles Eigentum oder gemeinsames Erbe? Professor Jens Reich schließlich befasst sich mit den Grenzen, die dem Menschen gesetzt sind.

Ich bin mir sicher, dass diese Beiträge den Leser in die Lage versetzen werden, den immensen Fortschritt zu erfassen, der auf dem Feld der Genetik

---

4 Der Originaltext der Konvention kann eingesehen werden unter: *http://book. coefr/conv/ en/ui/frm/ 164- e/htm*

5 Siehe Empfehlung 1512:*http:// stars.coe.int./ ta/ta01/ EREC1512. htm*

erreicht wurde. Er kann sich ein Bild machen über die großen Hoffnungen der Patienten und ihrer Familien, über die unzähligen, noch ungelösten Probleme und die ethischen Sachfragen, die den Menschen in seiner Menschlichkeit herausfordern.

Professor Jean – François Mattei

# Was ist das Humangenom?

Dr. Paul Billings, Sophia Koliopoulus

Wie alle Studien der Vererbungslehre strebt die Humangenetik nach der Erklärung zweier Phänomene. Erstens: warum ähneln wir uns und unseren Ahnen Generationen über Generationen hinweg und entwickeln uns in bemerkenswert ähnlicher Weise? Zweitens: warum unterscheiden wir uns trotz aller Ähnlichkeiten doch durch zahlreiche Merkmale, und warum können wir diese Merkmale an unsere Nachkommen weitergeben? Warum können uns diese Merkmale unterschiedlich empfänglich für Krankheiten machen und zu der Variation führen, die für die natürliche Auslese und Evolution erforderlich ist? Angesichts der Tatsache, dass die moderne Humangenetik kaum ein Jahrhundert alt ist (seit der Wiederentdeckung der Mendel-Gesetze [1], ihrer Anwendung auf menschliche Merkmale und Familien und der Prägung des Begriffs "Gen"), haben sich Tiefe, Differenziertheit und die innewohnenden Versprechungen unserer gegenwärtigen Wissensbasis mit atemberaubender Geschwindigkeit entwickelt.

In diesem Kapitel beschäftigen wir uns mit den neuesten Erkenntnissen der Humangenetik und fassen zusammen, warum das Humangenom Gegenstand eines solch enormen öffentlichen Interesses ist. Wir werden einige Grundfragen beantworten:

1. Was ist das Humangenom?
2. Was unterscheidet die Humangenetik von der Genomik?
3. Wozu dient die Sequenzierung des Humangenoms?
4. Was ist komparative (vergleichende) Genomik?
5. Wo liegen die Grenzen der Verwendung unseres Wissens über das Humangenom?

---

[1] Siehe *Anhang I*

Die Antworten auf diese Fragen sollten dem Leser die Wissensgrundlagen über dieses Thema und seine Bedeutung für Biologie und Medizin liefern.

## Was ist das Humangenom?

Während der echte Ursprung des Begriffs "Genom" noch strittig ist, herrscht die Meinung vor, dass es sich um eine Kontraktion der Begriffe "Gen" (oder Genotyp) und "Chromosom" handelt, den mikroskopisch kleinen Strukturen, die im Innern der meisten Körperzellen die Gene beherbergen. Obwohl die kontinuierliche Forschung die Bedeutung des Begriffs immer wieder verändert, ist die grundlegendste Definition eines Gens folgende: Ein Gen ist eine Erbeinheit, die durch ihre biochemische Zusammensetzung Informationen an Zellen weitergeben kann. Die einfachste Art, ein Genom zu definieren, ist die folgende: Ein Genom ist der Ort, an dem alle Gene "wohnen", also vereint sind (Anmerkung der Übersetzerin: Diese Definition kann das englische Wortspiel nur sehr mangelhaft wiedergeben.)

Fast alle menschlichen Zellen enthalten zwei unterschiedliche Genome. Ein kleines Genom sitzt in den Energie produzierenden Organellen, den Mitochondrien [2] vieler Zellen. Seine Erbinformationen werden hauptsächlich durch die Eizelle (ovum) an die nächste Generation weitergegeben. Dadurch kann die mütterliche Linie verfolgt werden. Die vollständige genetische Landkarte und die Sequenz des mitochondrialen Humangenoms sind seit vielen Jahren bekannt (Anderson et al. 1981).

Das zweite, viel größere Genom sitzt im Kern jeder menschlichen Zelle. Es besteht aus ungefähr 6 Milliarden Basenpaaren aus DNA, die jeweils etwa zur Hälfte von den biologischen Eltern stammen. Die DNA (Desoxyribonukleinsäure) ist das Erbmaterial, aus dem die Gene zusammengesetzt sind, und besteht aus einer linearen Serie von Basen, nämlich Adenin, Guanin, Cytosin und Thymin, die mit einem zweiten DNA – Strang jeweils Basenpaare bilden. Die Spezifität der Paarung gestattet eine genaue Replikation der Serie der DNA – Basen (die in einer Doppelhelix angeordnet sind), und zwar in dem Maße, wie die Anzahl der Zellen von einer befruchteten Eizelle zu den Billionen von Zellen wächst, aus denen sich der menschliche Organismus zusammensetzt. Durch die spezielle Basensequenz und mit Hilfe der vermittelnden RNA (Ribonukleinsäure), deren Aufbau der DNA gleicht, beteiligt sich die DNA an

[2] Siehe
Seite 138

der Herstellung der Proteine, die den menschlichen Zellen Struktur und Funktion verleihen, Teil ihres Stoffwechsels und anderer wesentlicher Kennzeichen menschlichen Lebens sind.

Das Humangenom besteht offenbar aus 30 000 bis 40 000 Genen (Venter et al. 2001; Internationales Humangenom-Sequenzierungskonsortium 2001), die sich auf 23 Chromosomenpaare verteilen. Die drei Milliarden Basen, aus denen eine vollständige Einzelausgabe sämtlicher in den Chromosomen gefundener DNA zusammengesetzt ist, liefern die Information, die zur Herstellung des Proteoms (Gesamtheit aller Proteine des menschlichen Körpers) benötigt wird, welches aus mindestens hunderttausend Proteinen besteht (Internationales Humangenom-Sequenzierungskonsortium 2001). Die Anzahl der Proteine und die Arten der komplexen Interaktionen, die schließlich zu den biologischen Funktionen im menschlichen Organismus führen, sind nicht einfach in der DNA eincodiert oder durch einzelne Gene repräsentiert, sondern die Mengen und Aktivitäten der Proteine werden eher durch verschiedene Faktoren beeinflusst, zu denen andere Proteine, Pharmazeutika, Ernährung und Temperatur, wie auch regulatorische Bereiche des Genoms selbst gehören. Die DNA – Sequenz ist daher nicht *per se* eine Blaupause des menschlichen Lebens, sondern versteht sich als Anweisung zur Produktion eines Satzes einfacher Proteine und anderer, nicht Protein – produzierender Informationen, die beide zusammen den erforderlichen Hintergrund und die Anleitung zu normaler menschlicher Entwicklung und Funktion bilden.

Nur etwa 1 % der menschlichen DNA innerhalb des Genoms ist direkt an der Codierung von Informationen beteiligt, die zur Proteinherstellung über die RNA benötigt werden (Venter et al. 2001; Internationales Humangenom-Sequenzierungskonsortium 2001). So haben 99 % aller menschlichen DNA entweder keine gegenwärtig bekannte Funktion oder sind an der Regulierung der Aktivität der codierenden DNA (cDNA) beteiligt. Neuere Daten weisen darauf hin, dass DNA – Sequenzen in nicht codierenden Bereichen des Genoms, die so genannte "Junk DNA", sich immer neu kombinieren und sich durch das ganze Genom hindurch bewegen, möglicherweise als Reaktion auf zelluläre oder äußere Stressoren. So ist das Humangenom möglicherweise selbst eine Art intrazellulärer Organelle, die auf Veränderungen in der Umgebung reagiert.

Zwei unabhängige Forscherteams haben die vollständige Sequenzierung des Humangenoms fast beendet (Venter et al. 2001; Internationales Humangenom-Sequenzierungskonsortium 2001). Die bemerkenswerte Ähnlichkeit ihrer Ergebnisse ergibt sich teilweise aufgrund gemeinsamer Datenquellen, reflektiert aber auch den hohen Grad an Genauigkeit der gegenwärtig automatisierten DNA – Sequenzierungstechniken und Berechnungsstrategien. Die Daten weisen darauf hin, dass wir durchschnittlich nach jeweils 1000 bis 1500 Basen in unserer DNA – Sequenz differieren. Das heißt, dass alle Menschen auf der Ebene ihrer DNA – Sequenzen eine Ähnlichkeit von 99,0 % aufweisen, auch wenn sie nicht miteinander verwandt, sondern unterschiedlicher ethnischer Zugehörigkeit sind, aus verschiedenen Kulturen und aus geographisch weit auseinander liegenden Gebieten stammen. Nur bei Verwandten, und besonders bei Zwillingen, ist das Genom zu mehr als 99,9 % gleich. Die bemerkenswerte Identität zwischen nicht verwandten Individuen liefert sicher eine Erklärung für die biologische Ähnlichkeit von Menschen und allen Lebewesen, in der Gegenwart und in der Vergangenheit.

Genetische Unterschiede oder Mutationen erscheinen sowohl in den nicht codierenden DNA – Bereichen, die oft aus hoch repetitiven Strängen von DNA – Basen bestehen, als auch in den Proteine codierenden Sequenzen. Einzelne Veränderungen in der Basensequenz, die häufig in Populationen oder Individuen erscheinen, werden als Einzelnukleotid [3] – Polymorphismus [4] (englisch:“single nucleotide polymorphisms” oder SNPs – gesprochen: Snips) bezeichnet. Einige SNPs führen zu geänderten Proteinsequenzen. SNPs können auch die Proteinebenen und/oder Proteinaktivität beeinflussen, während andere keinen beobachtbaren biologischen Effekt zu haben scheinen. Mit schnellen, kostengünstigen und hochgenauen Methoden zur Detektion von SNPs können aufgrund ihres Vorhandenseins genetische Einflüsse auf verschiedene menschliche Merkmale (Phänotypen) vorausgesagt werden, einschließlich der Aspekte der Krankheitsentstehung und – entwicklung, Prognose oder des individuellen Ansprechens auf Therapien. Größere Insertionen oder Deletionen von genetischem Material (oft hoch repetitive Sequenzen) finden Anwendung in der Forensik und bei Vaterschaftstests (Alford and Caskey 1994).

## Was unterscheidet die Humangenetik von der Genomik?

Die Humangenetik entwickelte sich in der klassischen Periode der Genforschung, die Anfang des zwanzigsten Jahrhunderts begann. Zunächst wurden Merkmale, die sich bei bestimmten Individuen unterschieden (gewöhnlich in

[3] **Nukleotid:** chemischer Grundbaustein der DNA
[4] **Polymorphismus:** Unterschied in der DNA – Sequenz einzelner Individuen

experimentellen Systemen mit Fruchtfliegen oder Bakterien), identifiziert. Die Variation wurde den Genen zugeschrieben, falls sie erblich (also voraussagbar von einer Generation auf die nächste weitergegeben) war und durch das Produkt der Gene – die Proteine – vermittelt werden konnte. Die Humangenetik untersucht die Rolle einzelner Gene oder Gruppen von Genen bei der Schaffung menschlicher Merkmale. Zahlreiche Gene wurden deswegen identifiziert oder charakterisiert, weil ihre Mutationen ein krankheitsbezogenes Risiko oder Merkmal hervorrufen, während andere ausschließlich an der normalen Entwicklung beteiligt zu sein scheinen.

Mit der Verbesserung der Methoden zur Manipulation der DNA, die der Entdeckung der biochemischen Struktur des Erbmaterials im Jahre 1953 durch Watson und Crick (Watson and Crick 1953) folgte, entwickelte sich ein neuer Ansatz für die humangenetische Forschung. Unter der Bezeichnung "reverse genetics" umging dieser Ansatz die Notwendigkeit, schon am Anfang zu beschreiben, wie ein Protein an einem menschlichen Charakteristikum beteiligt war. Bei dieser Vorgehensweise identifizieren die Forscher zunächst die physische Lokalisierung eines Gens, das eventuell mit einem menschlichen Merkmal assoziiert ist. Erst dann wird die DNA–Sequenz dieses Gens analysiert und allgemeine Merkmale des produzierten Proteins werden aus der Anordnung der DNA–Basen hergeleitet. Es folgt eine Analyse der normalen und abweichenden Formen dieses Proteins, um ihre Rolle in der Erzeugung des untersuchten Merkmals zu beschreiben.

Verbesserungen in der Analysetechnik, einschließlich der DNA–Sequenzierungsautomaten und Genotypisierungstechniken, welche die Charakterisierung großer Genmengen und –typen in einem einzigen Versuchsansatz gestatten, und die zunehmende Betrachtung von Genen im Kontext des gesamten Humangenoms führten zur Geburt der Genomforschung oder Genomik, die sich mit der Erforschung unseres gesamten Gensatzes und der Geninteraktionen beschäftigt. Während sich die Humangenetik also auf einzelne oder wenige Gene konzentriert, gestattet die Genomforschung eine umfassende Analyse der genetischen Komponente der Unterschiede zwischen den einzelnen Phänotypen [5].

---

[5] **Phänotyp:** die durch Genexpression und Umwelteinflüsse produzierten physischen Eigenschaften

## Wozu dient die Sequenzierung des Humangenoms?

Der hauptsächliche Nutzen, der sich aus der Sequenzierung des Humangenoms ergibt, ist die Erleichterung weiterer wissenschaftlicher Forschung. Dabei erhalten wir Einblicke in die menschliche Biologie und Evolution, wie auch wertvolle Hinweise zur Prävention, Entdeckung und Bekämpfung von Krankheiten. Forscher auf der ganzen Welt haben über kostenfreie öffentliche [6] oder kostenpflichtige private [7] Datenbanken Zugang zur DNA – Sequenz des Humangenoms, und in vielen Fällen zu Informationen über die biologische Rolle spezifischer Regionen innerhalb des Genoms. Diese Einrichtungen unterstützen die Forscher schon jetzt bei der Entwicklung neuer medizinischer Anwendungen. Durch Zugriff auf diese Datenbanken können Forscherteams zum Beispiel im Tumorgewebe exprimierte Gene mit im gesunden Gewebe exprimierten Genen vergleichen. Dabei werden unter Umständen Gene identifiziert, die für bestimmte Krebsarten anfällig machen oder an der Krebsentstehung beteiligt sind.

Die Information über die DNA – Sequenz des Humangenoms führt auch zu neuen Einblicken in die Evolution der menschlichen Spezies und die Geschichte ihrer Gemeinschaften. So scheint es zum Beispiel, dass mehr als 200 der sequenzierten menschlichen Gene direkt aus bakteriellen Genen entstanden sind (Internationales Humangenom-Sequenzierungskonsortium 2001). Dies deutet darauf hin, dass, zusätzlich zu den umfangreichen Duplikationen seines eigenen Geninhalts, das Humangenom mindestens einen Teil seiner Basisinformationen vor Tausenden und Abertausenden von Jahren aus bakterieller DNA bezogen hat.

Einige Experten stellen sogar die Hypothese auf, dass die Integration und nachfolgende Duplikation bakterieller DNA in das Humangenom wesentlich für die Entstehung des ersten Menschen gewesen sein könnte.

Schließlich wird die Öffentlichkeit den praktischen Wert, den die Kenntnis der vollständigen DNA – Sequenz des Humangenoms mit sich bringt, an neu-

---

[6] International zugängliche Websites versenden Sequenzierungsdaten des Humangenoms. Dazu gehören: US National Center for Biotechnology Information *(http://www.ncbi.nlm.nih.gov/entrez/query.fcgi?db=Genome),* die University of California in Santa Cruz *(http://genome.ucsc.edu/)* und die Firma Celera Genomics *(http://public.celera.com/index.cfm).*

[7] Kommerzielle Unternehmen haben Humangenom – Datenbanken entwickelt, die von Forschern durch Subskriptionen von institutionellen Kunden genutzt werden können. Dazu gehören Celera Genomics *(http://www.celera.com/cds/cds_tour_frameset.cfm)* und Incyte Genomics *(http://www.incyte.com)*

en Therapien und prophylaktischen Maßnahmen messen, die durch die verbesserte Forschung entstehen. Um den vollen Nutzen aus der Sequenzierung des Humangenoms ziehen zu können, sind zahlreiche Verbesserungen notwendig: im Bereich der Proteomik, die den vollständigen Proteinsatz des Genoms erforscht, und auf dem Feld der funktionalen Genomik, einer Wissenschaft, die die Beteiligung der Genome an der Schaffung von Phänotypen und an biologischen Funktionen untersucht.

## Was ist komparative (vergleichende) Genomik?

Das Humangenom ist nicht der einzige Schwerpunkt der gegenwärtigen Genomanalyse. Kurz nach der Meldung über die abgeschlossene Sequenzierung des Humangenoms im vergangenen Juni wurde die vollständige Gensequenz der Fruchtfliege, *Drosophila melanogaster* veröffentlicht (Myers et al. 2000). Die Veröffentlichung der Ergebnisse der Humangenom – Sequenzierung im Februar 2001 wurde von der Ankündigung begleitet, dass ein wichtiger Meilenstein bei der Sequenzierung des Mausgenoms ebenfalls erreicht worden sei.

Bis zum jetzigen Zeitpunkt ist die Kartierung und Sequenzierung von Dutzenden von Genomen der verschiedensten Lebewesen – einschließlich Bakterien, Hefen, Pflanzen und Tieren – im Gange oder schon vollständig beendet. Genaue Analysen und Vergleiche dieser Genome untereinander und mit ihren menschlichen "Gegenstücken" haben zu wichtigen Erkenntnissen geführt:

1. Viele Tierspezies (Wirbeltiere und Wirbellose) und auch Pflanzen besitzen Genome, deren Größe das Humangenom bei weitem übertrifft.
2. Diese Organismen haben nicht nur große Bereiche ähnlicher genomischer DNA – Sequenzen mit dem Menschen gemein und sind aufgrund ihrer raschen Vermehrung für wissenschaftliche Studien besonders geeignet, sondern verfügen auch über eine genomische Organisation, die der des Menschen ähnlich ist. Bei Zebrafischen findet sich ein viel studiertes Modell dieses Typs.
3. Das Mausgenom, wie auch das Genom von Schimpansen und anderen Menschenaffen, unterscheidet sich vom Humangenom wahrscheinlich nur um höchstens 500 Gene (siehe auch Kapitel **"An den Grenzen der Menschheit"**, Seite 117). Aus diesem Grunde können viele Aspekte der menschlichen Komplexität, die unsere Spezies von nahen genetischen Verwandten unterscheidet, nicht einfach durch die genetischen Unterschiede zwischen den Spezies erklärt werden.

4. Die beobachteten Ähnlichkeiten zwischen den Genomen von phänotypisch unterschiedlichen Spezies haben dem neuen Konzept des “Minimalgenoms” oder der minimalen genetischen Ausstattung, die bestimmte Lebensformen unterstützt (Koonin 2000), Nachdruck verliehen. Es gibt viele Überlappungen des menschlichen Minimalgenoms mit dem Genom anderer Spezies.

## Wo liegen die Grenzen der Verwendung unseres Wissens über das Humangenom?

Erstens: Wie schon vorher bemerkt, kann die riesige Komplexität der menschlichen biologischen Phänomene nicht allein durch 30 000 – 40 000 Gene erklärt werden. Die Wissenschaft der Proteomik (Erforschung des Proteoms, der Gesamtheit der Proteine in einer Zelle), der funktionalen Genomik und anderer Bereiche muss notwendige, weiterführende Erkenntnisse liefern, damit viele wichtige Aspekte der menschlichen Biologie erklärt werden können.

Zweitens: In vielen Fällen können die Gene nur einen kleinen Teil der beobachteten Veränderungen erklären, denen ein erbliches Merkmal unterliegt. Krebserkrankungen, mentale Störungen und viele andere Erkrankungen werden nicht häufig vererbt, was dafür spricht, dass bestimmte genetische Merkmale, die mit der Krankheitsentwicklung assoziiert werden, nicht so sehr ein Grund für die Erkrankungen sind, sondern eher eine Reaktion auf die Störung. Eine weitere Erläuterung der Rolle des Genoms bei diesen und anderen Merkmalen kann interessant und hilfreich sein, wird aber nicht ausreichen, um den ganzen Umfang der phänotypischen Expression oder Krankheitsursache zu erklären.

Drittens: Die Grenzen der Anwendung dessen, was wir aus dem Humangenom gelernt haben, betreffen auch die immer noch extrem hohen Kosten der Genomanalyse. Während viele der Meinung sind, dass Genotyp – Analysen [8] sich entsprechend den Moor’schen Gesetzen verhalten müssten, die zu Beginn der Computerrevolution die Erhöhung der Rechnergeschwindigkeit mit einer Kostensenkung in Verbindung brachten, lässt diese Entwicklung hier leider noch auf sich warten. Neue, gerade entstehende Technologien scheinen schon jetzt in der Lage zu sein, die DNA – Sequenzierung schneller, einfacher und kostengünstiger zu leisten – denn das ist eine absolute Notwendigkeit, wenn der allgemeine Zugang zum eigenen Genom Realität werden soll. Zur Ver-

[8] **Genotyp:** die spezifische Art und Anordnung der Gene in einem Organismus

wirklichung der breiten Anwendung der DNA – Sequenzierung werden auch neue Hilfsmittel zur Gewinnung, Analyse, Verbindung und Interpretation der Assoziation der DNA – Sequenzen mit medizinischen und biologischen Datenbanken erforderlich werden. Eine größere Sachkenntnis in menschlicher Entwicklung und Genmedizin wird nicht nur von Wissenschaftlern, sondern auch von Heilpraktikern und Patienten gefordert werden. So werden zusätzlich zu einer schnelleren und kostengünstigeren DNA – Analyse auch Fortschritte in Informationstechnologie, genetischer Epidemiologie und Ausbildung in genetischer Medizin erzielt werden müssen, damit die vollständige Genomanalyse zu einer Standardleistung der Gesundheitsversorgung werden kann.

Und schließlich: Das Genom ist um einige Ebenen von den Mechanismen entfernt, die an der Phänotyp – Produktion beteiligt sind, und es scheint auf eine komplexe Weise mit sich selbst und der Umgebung zu interagieren, in der es lokalisiert ist (d.h. im Zellkern, innerhalb eines Gewebes oder Organs, in einem Körper innerhalb einer Umgebung). Während wir eine hochkomplizierte Technologie zur Beurteilung von DNA – Veränderungen entwickelt haben, sind unsere Hilfsmittel zur Beobachtung der Auswirkungen anderer Arten biologischer Aktivität und deren Einfluss auf den Phänotyp weniger gut definiert. Es ist eine Tatsache, dass die Verbindung der DNA – Sequenzen mit dem Genotyp generell auf Wahrscheinlichkeitsäußerungen beruht, die sich selten der Gewissheit nähern. Praktisch jede Analyse beinhaltet Unsicherheit und nicht berücksichtigte Einflüsse. In der Tat bleibt diese Unsicherheit eine Verkörperung unserer Adaptation an eine anspruchsvolle und komplexe Welt. Vielleicht zur Frustration der Genforscher und derer, die sich wünschen, dass ein Großteil des menschlichen Lebens durch die Genomsequenz bestimmt ist, wird diese Unsicherheit nicht nur das andauernde Rätsel des Genoms darstellen, sondern auch die Verkörperung unserer Hoffnung auf dauerhaftes Glück in einer sich schnell verändernden und überraschenden Welt.

Die Erforschung des Humangenoms hat enorm von neu entwickelten Technologien profitiert, welche die Beobachtung seiner Sequenz, die Assoziation spezifischer Genomregionen mit spezifischen Merkmalen und den Vergleich mit den Genomen anderer Spezies erlauben. Nun wird eine ähnliche Erfindungsgabe erforderlich sein, um diese Informationen zu interpretieren, sie mit dem Proteom in Verbindung zu bringen und zu verstehen, welche Struktur und Funktion diesen Daten unterliegt. Zufall, Interaktionen geringer Wahrscheinlichkeiten und Einflüsse aus der Umgebung werden immer Teil des menschlichen Lebens sein.

Aber das Studium der Humangenetik und der Genomik bildet schon jetzt einen Rahmen für das Verständnis der Grundaspekte der menschlichen Vererbung. Die DNA erstellt eine genaue Replikation der an der Proteinsynthese beteiligten Information und gibt sie weiter. Alle Menschen sind genetisch fast identisch, was darauf hindeutet, dass die überwältigende Ähnlichkeit der Menschen und der menschlichen Entwicklung eine genetische Grundlage hat. In anderen Worten, der Unterschied zwischen den Menschen kann teilweise genetisch bedingt sein, in erster Linie ist er das jedoch nicht.

Und dennoch variieren die Genome der Menschen untereinander. Und unsere Proteome sind sogar noch einzigartiger. So kann das Studium des Humangenoms nicht nur erklären, warum wir so ähnlich sind, sondern auch aufzeigen, in welcher Weise wir einzigartig sind.

Diejenigen, welche die Antworten auf die universellen Fragen des Lebens suchen, warum es Leben gibt, warum wir sterben und was das Leben lebenswert macht, werden die Erforschung des Humangenoms und die daraus bezogenen Erkenntnisse interessant finden. Aber das Humangenom ist weder der Heilige Gral noch das Buch des Lebens, und wer diese Dinge sucht, muss seine Wanderung fortsetzen.

## Literatur

Alford RL, Caskey CT. "DNA analysis in forensics, disease and animal/plant identification." (1994) *Curr Opin Biotechnol* 5 (1): S. 29 – 33

Anderson S, Bankier AT, Barrell BG, de Bruijn MH, et al. "Sequence and organization of the human mitochondrial genome". (1981) *Nature* 290 (5806): S. 457 – 65

International Human Genome Sequencing Consortium. "Initial sequencing and analysis of the human genome." (2001) *Nature* 409 (6822): S. 860 – 921

Koonin EV. "How many genes can make a cell: The Minimal-Gene-Set Concept." (2000). *Annual Review of Genomics and Human Genetics* 1: S. 99 – 116

Myers EW, Sutton GG, Delcher AL, Dew IM, et al. "A whole-genome assembly of *Drosophila*." (2000) Science 287 (5461): S. 2196 – 2204

Orkin, S.H., "Reverse genetics and human disease", (1986), in *Cell*, 47 (6), S. 845 – 50.

Venter JC, Adams MD, Myers EW, Li PW, et al. "The sequence of the human genome". (2001) *Science* 291 (5507): S. 1304 – 51

Watson JD, Crick FH. "Molecular structure of nucleic acids: a structure for deoxyribose nucleic acid." (1953) *Nature* 248 (451) S. 765

# Ein Ethikkodex für die Humangenetik [1]

Prof. Juan – Ramón Lacadena

## Von der Genetik zur Genomik

Gegenwärtig steht die Genomforschung im Zentrum der Genetik, oder sogar im Zentrum der Biologie, wie schon Lander und Weinberg (2000) feststellten. Zu einem besseren Verständnis dieser Äußerung sollte man zunächst mit einem kurzen Überblick über die historische und konzeptuelle Entwicklung der Genetik beginnen.

## Historische und konzeptuelle Entwicklung der Genetik

Die Entstehung einer neuen Wissenschaft, nämlich der Genetik, welche die biologischen Phänomene der Vererbung erklärt, hing von ihrer Fähigkeit ab, auf die folgenden fundamentalen Fragen eine Antwort zu liefern: Welches sind die Gesetze, nach denen biologische Merkmale von den Eltern auf die Kinder weitergegeben werden? Was ist die stoffliche Basis, d.h. die Substanz, durch die solche erblichen Merkmale konserviert und weitergegeben werden? In anderen Worten: Was ist die molekulare Grundlage der Vererbung?

Die Antwort auf die erste Frage war durch die Experimente von Gregor Johann Mendel [2] bekannt, die 1865 in zwei aufeinander folgenden Sitzungen (8. Februar, 8. März) der Naturwissenschaftlichen Gesellschaft von Brünn, Moravien (heute Brno, Tschechische Republik) mitgeteilt und Ende des darauf folgenden Jahres publiziert wurden.

Die Antwort auf die zweite Frage ist aufs engste mit der Geschichte der Desoxyribonukleinsäure (DNA) verbunden. Bereits im Jahre 1928 hatte der

---

1 Die vorliegende Arbeit basiert auf früheren Publikationen des Autors (Lacadena 1992; 1993; 1996; 1999)

2 Siehe *Anhang I*

Wissenschaftler Griffith entdeckt, dass eine bestimmte Substanz am Phänomen der Bakterientransformation beteiligt war. Erst im Jahre 1944 jedoch wurde durch die Wissenschaftler Avery, MacLeod und McCarty das Erbmaterial als DNA identifiziert. So zog sich die "Geburt" der Genetik eigentlich über achtzig Jahre hin, denn sie begann 1865 mit der Arbeit von Mendel und endete 1944 mit der Identifizierung der DNA als Erbmaterial.

Diese beiden Fragen führen zur Entstehung zweier verschiedener Definitionen oder Konzepte der Genetik: Die erste erklärt sie als "die Wissenschaft zur Erforschung der Vererbung und Variation in Lebewesen" (Bateson 1906) [3], die zweite, eine von mir selbst zur Diskussion gestellte Definition, betrachtet sie als "Wissenschaft, welche das Erbmaterial auf jeder Ebene und in jeder Dimension untersucht".

Nach der zweiten Definition ist das Ziel der Genetik die Erforschung der Gene, und deshalb muss der formale Inhalt dieser Wissenschaft geeignete Antworten auf die folgenden Fragen über Gene erbringen: Was sind Gene überhaupt? Wie sind sie organisiert und wie werden sie übertragen? Wie und wann werden sie exprimiert? Wie verändern sie sich? Wie ist ihre Bestimmung in Raum und Zeit?

Basierend auf den wichtigsten Forschungstätigkeiten in diesen Zeitabschnitten kann die Genetik bis heute in acht aufeinander folgende Perioden eingeteilt werden. **Siehe Tabelle 1**

Das Jahr 1944 stellt einen grundlegenden Meilenstein in der Geschichte der Genetik dar, denn in diesem Jahr wurde die Desoxyribonukleinsäre (DNA) als die molekulare Basis der Vererbung identifiziert.

Von diesem Zeitpunkt an verlief der Fortschritt der Genetik kontinuierlich, und mit immer weiter zunehmender Beschleunigung, ausgehend von Mendels abstrakten "Erbfaktoren" zu fassbaren Genen, die manipuliert werden konnten: Gene sind DNA – Fragmente, die identifiziert werden und von der molekularen Gesamtmasse der DNA, die das Genom eines Organismus darstellt, isoliert werden können. Sie können charakterisiert (d.h. ihre genetische Bot-

---

[3] Der Begriff "Genetik" erscheint erstmalig in einem Brief von William Bateson an Adam Sedgwick vom 18. April 1905 (publiziert in *William Bateson, Naturalist*, 1928, herausgegeben von Beatrice Bateson, Cambridge University Press, Seite 93). Erst auf der Konferenz über Hybridisierung und Pflanzenzucht (Vorsitzender William Bateson) 1906 in London schlug Bateson offiziell den Begriff "Genetik" für die neue Wissenschaft vor. Die Aktivitäten der Konferenz wurden demgemäß in dem *Bericht über die dritte Internationale Konferenz über Genetik* veröffentlicht, herausgegeben 1906 durch Rev. W. Wilks, und gedruckt für die Royal Horticultural Society bei Spottiswood.

**Tabelle 1: Chronologie der Genforschung**

| | |
|---|---|
| 1865, 1900 – 1940 | Transmissionsgenetik (*Mendel-Gesetze*) |
| 1940 – 1960 | Art und Eigenschaften des *Erbmaterials* |
| 1960 – 1975 | Mechanismen der *Genaktion* (Gencode, Regulierung, Entwicklung) |
| 1975 – 1985 | *Neue Genetik* (Nukleinsäurentechnologie) |
| 1985 – 1990 | *Inverse Genetik* (Genanalyse ausgehend vom Genotyp zum Phänotyp, vom Gen zum Merkmal) |
| 1990 – 2000 | *Transgenese* (horizontaler Gentransfer (transgene Pflanzen und Tiere, Gentherapie für Menschen)) |
| 1995 – 2000 | *Genomik* (molekulare Sektion des Genoms verschiedener Organismen (vom Bakterium zum Menschen: Humangenom-Projekt)) |
| 1997 – 2000 | *Klonen* von Säugetieren durch Kerntransfer |

schaft kann entschlüsselt werden), von einer Zelle zur anderen und von einem Individuum zum anderen transferiert werden, ganz gleich, ob diese Individuen zur selben Spezies gehören oder nicht. Hier handelt es sich natürlich um genetische Manipulation, wobei der Begriff "manipulieren" bedeutet: "mit den Händen oder einem Instrument arbeiten" und nicht unbedingt im Sinne der anderen möglichen, negativen Bedeutung zu verstehen ist.

Die grundlegenden Konsequenzen und Anwendungsmöglichkeiten, die sich aus der Identifizierung von DNA als Erbmaterial ergeben haben, sind so zahlreich und breit gefächert, dass sie zu einer der bedeutendsten Paradigmenverschiebung in der Geschichte der Wissenschaft geführt haben. Man kann sagen, dass es in der Geschichte der Genetik eine "Prä – DNA" und eine "Post-DNA" Periode gibt. Die Disziplin kann in zwei Zeitspannen praktisch gleicher Länge eingeteilt werden: von 1865, als Mendel seine Experimente der Öffentlichkeit vorstellte und 1900, als die Mendel – Gesetze wieder entdeckt wurden, bis 1944 ("Prä – DNA" Periode), und von 1944 bis zur Gegenwart ("Post – DNA" – Periode).

In der Zeitspanne von 1975 – 1985 wurden die molekularen Technologien der Restriktion (Fragmentation), Hybridisierung, Sequenzierung und Amplifizierung entwickelt. Die jeweiligen Technologien erlauben:

1. Abschneiden von DNA – Molekülen durch so genannte "Enzymscheren", z.B. Restriktions-Endonukleasen [4] an beliebigen Orten des DNA – Strangs;
2. Lokalisierung spezieller Gene durch Hybridisierung markierter Sonden mit den Komplementärsequenzen in der Original – DNA;
3. Direktes Ablesen genetischer Informationen (was mittlerweile über Sequenzierungsautomaten erfolgt);
4. Millionenfache Multiplikation der aus einem winzigen Muster stammenden verfügbaren Menge an DNA mittels "Polymerase – Kettenreaktion (PCR) [5].

Diese so genannte Nukleinsäuren – Technologie hat die Genmanipulation erst ermöglicht, das heißt eine genetische Manipulation, die zur "neuen Genetik" führte, wie sie vom Nobelpreisträger Daniel Nathans bezeichnet wurde.

Vor vielen Jahren prophezeite Fred Hoyle, Astronom an der Universität Cambridge, dass "in den nächsten 20 Jahren ein Physiker, der nur harmlose Wasserstoffbomben herstelle, frei arbeiten könne, wogegen ein Molekularbiologe seiner Forschungstätigkeit zukünftig nur noch hinter Stacheldraht nachgehen könne". Was Hoyle eigentlich voraussagte, war die enorme Macht, welche die Genetik der Genmanipulation verleihen würde. Das Potential der Genetik ist unübersehbar groß. Aus diesem Grunde versteht die Gesellschaft die Genetik auch als eine allmächtige Wissenschaft und betrachtet die DNA als einen neuen biologischen Stein der Weisen, obwohl es auch Stimmen gibt, die in Anbetracht der möglichen negativen Anwendungen der Gentechnik die Doppelhelix eher als ein "zweischneidiges" Molekül sehen.

Die Entdeckung der DNA hat nicht nur die Genetik im Besonderen, sondern auch die Biologie im Allgemeinen und sogar die Gesellschaft im ganzen beeinflusst. Im Nachhinein scheint es selbstverständlich, zu glauben, dass Geschichte und Philosophie der Wissenschaft dazu tendieren, die DNA – Revolution als fundamentalen Meilenstein in der Geschichte der Menschheit zu sehen, so wie es davor auch Agrarrevolution und industrielle Revolution waren. Während die Entwicklung der Technologie die Menschheit in Richtung Technokratie gebracht hat, führt die DNA – Revolution in mancher Hinsicht zur Biokratie.

---

[4] **Endonuklease:** ein Enzym, das durch Trennung von Verbindungen innerhalb der Polynukleotidketten DNA – oder RNA – Moleküle aufspalten kann. Restriktionsendonukleasen erkennen spezifische Orte (bestehend aus Basensequenzen) in der DNA/RNA.

[5] **Polymerase – Kettenreaktion** (PCR): Methode zur Erzeugung von millionenfachen Kopien eines bestimmten DNA – Segments. Zum Nachweis einer winzigen Menge einer bestimmten DNA – Sequenz wird die Menge dieser Sequenz mittels der Polymerase – Kettenreaktion soweit erhöht, bis ein Nachweis möglich ist.

## Genomik

Der Begriff "Genomik" oder Genomforschung bezieht sich auf einen Zweig der Genetik, der sich mit der molekularen Sektion des Genoms von Organismen befasst; oder anders ausgedrückt: auf die vollständige Kenntnis der Basensequenz innerhalb der DNA. Ab 1995 führte die Entwicklung der Genomik zu spektakulären Ergebnissen. Zunächst wurden die Genome einfacher Organismen vollständig entschlüsselt, so zum Beispiel bakterielle Genome (in diesem Zeitraum über 50 Spezies), dann folgten komplexere Organismen (wie die Hefe *Saccharomyces cerevisiae*, die Nematode *Caenorhabditis elegans*, das Insekt *Drosophila melanogaster*, oder die Pflanze *Arabidopsis thaliana* und andere, bei denen die Sequenzierung noch im Gange ist, z.B. die Maus *Mus musculus*, etc). Diese Forschungstätigkeit fand im Humangenom-Projekt (HGP), das bis jetzt komplexeste Beispiel der Genomik, ihren vorläufigen Höhepunkt.

## Das Humangenom – Projekt (HGP)

Innerhalb der Genomik stellt das Humangenom – Projekt die größte Herausforderung dar. Das Humangenom besteht aus etwa 3 Picogramm (1 pg = $10^{-12}$ g) DNA, das entspricht etwa 3 Milliarden Basenpaaren [6]

Das Humangenom – Projekt ist, einfach ausgedrückt, ein Projekt zur Sequenzierung der drei Milliarden Basenpaare, die das Humangenom bilden. In anderen Worten: Die Beschreibung des Genoms entspricht der Beschreibung der genetischen Essenz eines Menschen mit einem Text, der 3 Milliarden Buchstaben lang ist, wobei es aber nur 4 verschiedene Buchstaben gibt, nämlich die vier Stickstoffbasen. Andererseits schätzt man, dass das Humangenom aus etwa 30 000 Genen besteht, die den kleineren Teil der Gesamt – DNA bilden.

Selbstverständlich wäre eine Sequenzierung sinnlos, wenn es keine Informationen darüber gäbe, welche Aufgabe die entschlüsselten Sequenzen überhaupt haben. Aus diesem Grunde wich die strukturelle Genomik – die sich

[6] **Basen:** das Genom eines jeden Lebewesens besteht aus einer Folge von chemischen Elementen oder Nukleotiden, welche die aus Basen bestehende Doppelhelix der DNA bilden. Sie besten aus drei Untereinheiten, nämlich einer Phosphatgruppe, einem Zuckermolekül und einer der folgenden Basen: Adenin (A), Guanin (G), Cytosin (C) und Thymin (T). Die Verbindungen der zwei Stränge der Doppelhelix werden jeweils durch die Paare AT und GC gebildet.

ausschließlich mit der Sequenzierung als solcher befasste – der funktionalen Genomik, die versucht, die Funktion jeder bekannten Sequenz zu entschlüsseln. Dabei hilft der Vergleich von Sequenzen, die in den Genomen von Organismen erscheinen, die von ihrer Evolution her mehr oder weniger miteinander verbunden sind (komparative Genomik). Mittels der komparativen Genomik können die Ähnlichkeiten und Unterschiede zwischen den etwas mehr als 19 000 Genen der Nematode *C. elegans*, den (etwa) 14 200 Genen der Fruchtfliege *D. melanogaster* und den menschlichen Genen erklärt werden. Die gemeinsame Ankündigung von Dr. Venter und Dr. Collins im Juni 2000, dass das Humangenom nun fast vollständig sequenziert sei, signalisierte das Ende der "Anfangsphase" der Genomik. Nun ist die Zeit der funktionalen Genomik oder Proteomik angebrochen, die auch zur Entstehung eines neuen Projektes führte, das mittlerweile unter dem Namen Humanproteom – Projekt bekannt wurde. Schon die Bezeichnung weist darauf hin, dass das Ziel des Projektes die Identifizierung der Proteine ist, für die die sequenzierten Gene kodieren, sowie die Analyse ihrer Funktionen und Interaktionen.

Das Humangenom – Projekt öffnet die Tür zu einer neuen Form der Medizin, nämlich der genomischen Medizin einschließlich der Pharmacogenomik, die sicher von großem Nutzen für die Menschheit sein wird. Dennoch sind wir uns alle der wichtigen ethischen und gesetzlichen Probleme bewusst, die im Zusammenhang mit Prädiktion (prädiktiver Medizin), Diagnose, Privatsphäre (in Verbindung mit Arbeitsplatz und Versicherung), der Patentierung menschlicher Gene, bei der Verifizierung der Identität (z.B. in der Kriminalistik), usw. entstehen können.

## Das Humangenom – Projekt [7]

Das Humangenom – Projekt (HGP) ist ein internationales Forschungsprojekt zur Kartierung und Charakterisierung/Beschreibung des Humangenoms, der vollständigen genetischen Ausstattung eines Menschen. Dies umfasst die Darstellung der drei Milliarden DNA – Buchstaben (oder Basenpaaren) des vollständigen genetischen Codes in der richtigen Reihenfolge.

Humangenom – Projekte gibt es gleichzeitig in vielen Ländern, so in China, Frankreich, Deutschland, Italien, Japan, in der Russischen Föderation, der Schweiz und in Großbritannien. Die Koordination dieser Projekte mit den amerikanischen Aktivitäten liegt in den Händen der Humangenom – Organisation

[7] HGP Website: *http://www. nhgri.hih. gov/HGP/*

(HUGO), zu deren Mitgliedern Wissenschaftler aus der ganzen Welt gehören. Die beteiligten Forschungsinstitute sind mit der qualitativ hochwertigen, akkuraten Sequenzierung des menschlichen Gencodes betraut, die Wissenschaftler auf der ganzen Welt als kostenlose Ressource ohne Einschränkungen nutzen können.

Im Juni 2000 verkündete das Internationale HGP-Sequenzierungskonsortium, das Forscher aus den oben genannten Ländern vereint, dass eine Arbeitsversion der Sequenz des Humangenoms erstellt sei, was bedeutet, dass 97 % des Humangenoms kartiert und 87 % genau sequenziert waren. In einer entsprechenden Mitteilung der Privatfirma Celera Genomics, deren Präsident und Forschungsleiter Dr. Craig Venter ist, wurde ebenfalls angekündigt, dass die Firma ihre erste eigene Genomsequenzierung fertiggestellt habe. Die Ergebnisse des öffentlichen Projekts sind für Forscher, welche die Informationen von Celera Genomics nutzen, frei zugänglich; für eine kommerzielle Nutzung der Sequenzierungs-Datenbank von Celera werden Subskriptionsgebühren erhoben.

Im Februar 2001 wurden Forschungsergebnisse in den Wissenschaftsjournalen *Nature* und *Science* veröffentlicht. Danach besteht das Humangenom aus etwa 25 000-40 000 Genen. Wahrscheinlich ist eine Anzahl von etwa 30 000 [8]. Das sind weitaus weniger als ursprünglich vermutet (100 000), und nur 4000 mehr als das Genom eines Unkrauts mit dem Namen Ackerschmalwand.

## Das Humangenom: Die genetische Natur und Verschiedenheit des Menschen

Die Diskussion über das Humangenom sollte an einem bestimmten Punkt auch die genetische Natur des Menschen und seine Verschiedenheit (Diversität) berücksichtigen. Aus der biologischen und genetischen Annäherung heraus sind die Prozesse der Hominisierung (Menschwerdung) und Humanisierung besonders wichtig. Der erste Begriff bezieht sich auf das Konzept der Spezies Mensch, der zweite auf den Menschen selbst. Anders ausgedrückt: Wie lautet die genaue genetische Definition des Menschen? Wann beginnt individualisiertes menschliches Leben? Im gegenwärtigen Zusammenhang werden wir uns nur mit der ersten Frage beschäftigen.

---

[8] Siehe *Anhang II* bez. Angaben über Websites von *Science* und *Nature*

## Hominisierung: Das Konzept Mensch und seine Einzigartigkeit

Nach der Allgemeinen Erklärung über das Humangenom und die Menschenrechte der UNESCO von 1997, [9] unterliegt das Humangenom der fundamentalen Einheit aller Mitglieder der Menschenfamilie, wie auch der Anerkennnung der ihnen innewohnenden menschlichen Würde und Verschiedenheit. Das Humangenom, dem Charakter nach evolutionär angelegt, unterliegt Mutationen, die der Ursprung der menschlichen Verschiedenheit sind.

Wenn wir die uns umgebenden Lebewesen betrachten, fällt es uns leicht, auf den ersten Blick einen Hund von einer Katze, von einem Huhn oder irgend einem anderen Tier zu unterscheiden. Auch erkennen wir ein Individuum sofort als Menschen, oder in biologischen Begriffen ausgedrückt, als ein zur Gattung Mensch gehörendes Individuum. In jedem dieser Fälle verlassen wir uns bei der Klassifizierung dieser Individuen und ihrer Zuordnung zur jeweiligen Spezies auf einfache morphologische Kriterien. Dazu müssen wir weder die Anzahl ihrer Chromosomen kennen, noch ihre Proteine oder DNA charakterisieren: Wir ordnen sie einfach stillschweigend in die jeweilige Gruppe ein.

Das biologische Konzept der Spezies, das erstmals in den Arbeiten von Buffon und anderen Naturkundlern oder Taxonomen des neunzehnten Jahrhunderts erscheint, bezieht sich auf die Tatsache, dass Spezies aus Populationen bestehen. Außerdem besitzen diese Spezies auf Grund ihres genetischen Programmes eine innere Realität und Kohäsion. Dieses genetische Programm hat sich historisch entwickelt und ist für alle Angehörigen der Spezies gleich. Es bedeutet, dass sie eine reproduktive Gemeinschaft bilden sowie eine ökologische und genetische Einheit (Mayr 1970). Als reproduktive Gemeinschaft interagieren die Individuen einer tierischen Spezies miteinander als potentielle Sexualpartner und wählen zum Zweck der Fortpflanzung andere Individuen aus. Es gibt viele Mechanismen zur Absicherung der intraspezifischen Reproduktion. Als ökologische Einheit, ganz gleich aus welchen Individuen sie auch besteht, interagieren die Spezies als Einheit mit anderen Spezies, mit denen sie dieselbe Umwelt gemeinsam haben. Als genetische Einheit wird die Spezies für kurze Zeit aus einem großen, miteinander kommunizierenden genetischen Pool gebildet.

Nach Mayr sind es diese drei zitierten Eigenschaften, welche die Spezies über die typologische Interpretation einer einfachen "Klasse von Objekten" er-

---

[9] Der Wortlaut der UNESCO – Deklaration kann unter *http://www.unesco.org/human_rights/hrbc.htm* eingesehen werden

heben, und zu dem biologischen Konzept der Spezies als "Gruppen von sich untereinander kreuzenden natürlichen Populationen, die fortpflanzungsmäßig von anderen derartigen Gruppen isoliert sind" führen. Einfacher ausgedrückt: Eine Spezies ist ein geschützter Genpool; es ist eine "Population" nach den Gesetzen Mendels (im Sinne eines Satzes von Populationen), die über ihre eigenen Mittel (Isolationsmechanismen) verfügt, sich vor dem schädlichen Zufluss von Genen aus anderen Genpools zu schützen. Gene aus dem selben Genpool bilden harmonische Kombinationen, sie entstehen durch Co – Adaptation, die durch natürliche Selektion während des evolutionären Prozesses geschaffen wird. Die Mischung von Genen unterschiedlicher Spezies führt zu einer hohen Frequenz nicht harmonischer genetischer Kombinationen mit dem Ergebnis, dass Isolationsmechanismen, die solch eine Mischung behindern, durch die natürliche Auslese bevorzugt werden.

Auch wenn wir dieses biologische Konzept einer Spezies mit seinen Beschränkungen akzeptieren, so besteht das Problem, mit dem wir uns beschäftigen, dennoch weiter. Was uns wirklich interessiert, ist die Antwort auf die Frage, was die Individuen der menschlichen Spezies letztendlich charakterisiert und was sie von anderen Spezies unterscheidet. Denn zwischen der menschlichen Spezies und einem Schimpansen, dem Menschenaffen, der uns in evolutionärer Hinsicht am nächsten steht, kann es keinen genetischen Austausch geben. Es gibt nämlich eine reproduktive Isolierung zwischen den beiden Spezies, die uns keine Information über den essentiellen Unterschied zwischen Menschen und Schimpansen liefert.

Dank einer ununterbrochenen, genetisch bestimmten Serie anatomischer Veränderungen, welche die progressive Entwicklung des Gehirns (Zerebralisierung) begünstigten, bildete sich im Laufe der Evolution schließlich die Intelligenz heraus. Von einem bestimmten Zeitpunkt an war das Gehirn des Hominiden zu intellektueller Aktivität in der Lage und konnte ein Medium nicht nur als einfachen Reiz begreifen, sondern als reales Produkt einer Reflexion. Sobald diese Fähigkeit zur Reflexion sich auf das Individuum selbst richtete, erwachte das Bewusstsein des Individuums; der Hominide hatte den kritischen Punkt auf dem Wege zur Hominisierung erreicht, er war nun in der Kategorie "Mensch" angekommen.

Wann fand dieser Prozess der Menschwerdung statt? Oder anders ausgedrückt: Wann kam es zum Übergang vom einfachen Tier, das "denken" kann, zur Rationalität? Vom Australopithecus über den *Homo habilis*, *Homo ergaster*, *Homo erectus*, *Homo antecessor* bis zum modernen *Homo sapiens* haben genetische Veränderungen zur Akkumulation genetischer Informationen geführt, welche die Individuen der Spezies Mensch von anderen Tierspezies unterscheidet: Menschen sind genetisch fähig, ein kulturelles, ein ethisches und ein religiöses Wesen zu sein.

Der Mensch ist auf Grund seiner genetischen Struktur in der Lage, eine Symbolsprache zu verwenden, oder durch ein Symbol jedes Objekt oder jede Handlung zu verstehen, dessen oder deren Bedeutung nicht durch sich selbst deutlich wird, sondern eher eine Sache der sozialen Anerkennung ist. Kultur entstand als Folge einer Symbolsprache, und die Evolution der Menschheit, die sich aus der biologischen und der kulturellen Evolution ergab, begann genau in dem Augenblick, in dem der erste Hominide in der Lage war, seine Vorstellungen durch Symbole zum Ausdruck zu bringen. Geht man davon aus, dass diese Symbolsprache sich nur auf die Spezies Mensch beschränkt, dann ist die Kultur eine Domäne der Menschen: Der Mensch ist ein kulturelles Wesen.

Der Mensch ist die einzige Kreatur, die in der Lage ist, weit in der Zukunft liegende Ereignisse zu antizipieren und bewusst seine Handlungen daraufhin auszurichten; anders ausgedrückt, Menschen sind genetisch in der Lage, Werturteile abzugeben und Gut und Böse zu unterscheiden, und sich für das eine oder andere zu entscheiden (ethisches Wesen: Waddingtons "ethisches Tier"). Nach Waddington (1960) ist der Mensch ein genetisch bestimmendes "ethisierendes Wesen" und besonders in der Kindheit und Jugend, "empfänglich für Autorität".

Als Folge des Evolutionsprozesses erreicht der Mensch den Status, an dem er sich "seiner selbst" und auch seines eigenen Todes bewusst ist. Beerdigung und Begräbnisriten scheinen spezifisch menschlich zu sein. Andere Tierspezies entsorgen ihre Artgenossen auf die selbe Weise, wie sie Unrat aus ihren Nestern oder Höhlen entfernen, oder sogar durch Auffressen der Kadaver. Die Tatsache, dass ein Tier den nahenden Tod spürt, heißt nicht, dass ein gesundes und junges Tier sich dessen bewusst ist, dass es einmal sterben wird.

Dieses "Selbst – Bewusstsein" und die Erkenntnis, sterblich zu sein, führt die Menschen zweifellos zu der Frage nach dem Sinn des Lebens: Was sind Ursprung und Bestimmung des Menschen? Diese Fragen bilden die Grundlage der Religion. Biologisch gesprochen ist Religion natürlich nicht vererbbar, doch hat der Mensch die genetische Fähigkeit geerbt, ein religiöses Wesen zu sein und nach einer Antwort des ewigen Mysteriums zu suchen: nach der Transzendenz und der Notwendigkeit, sich auf ein höheres Wesen zu beziehen, nämlich auf Gott. Menschen sind genetisch in der Lage, religiöse Gedanken anzunehmen oder auch zurückzuweisen.

## Das Humangenom und die Verschiedenheit der Menschen

Der Begriff Humangenom wird nur im Singular verwendet, als ob es nur ein einziges gäbe. Aber wir wissen, dass mit Ausnahme monozygoter [10] Zwillinge die Genome zweier Individuen nicht als identisch betrachtet werden können. Sollten wir dann besser von "Humangenomen" sprechen, ohne das Konzept zu verallgemeinern? In diesem Kontext wäre der Hinweis hilfreich, dass wir, wenn wir vom Humangenom sprechen, den Satz an DNA verstehen, der in einem vollständigen Chromosomensatz vorhanden und der allen Angehörigen der Spezies Mensch gemein ist, ungeachtet der Variationen, die an der genetischen Information, die auf verschiedene Genorte verteilt ist, entstehen könnten. Wir sollten die evolutionäre Bedeutung nicht vergessen, die das Konzept des Genoms abgrenzt.

Variabilität ist die Folge einer dem Erbmaterial innewohnenden genetischen Eigenschaft: die Fähigkeit, Mutationen [11] hervorzubringen. Deswegen ist die Verschiedenheit untrennbar mit dem Konzept des Humangenoms selbst verbunden, wie schon im vorigen Absatz angedeutet. Aus diesem Grunde sagt die Allgemeine Erklärung über das Humangenom und die Menschenrechte der UNESCO (Artikel 3): "Das menschliche Genom, das sich aufgrund seiner Natur fortentwickelt, unterliegt Mutationen." [12] Jedenfalls stellt die Präambel der Konvention der Vereinten Nationen über Biologische Verschiedenheit vom 5. Juni 1992 [13] fest, dass die Anerkennung der genetischen Verschiedenheit der Menschheit nicht zu irgendeiner Interpretation einer sozialen oder politischen Ordnung Anlass geben sollte, welche die "angeborene Würde und die ... gleichen und unveräußerlichen Rechte aller Mitglieder der menschlichen Familie in Frage stellt".

Die Analyse des Humangenoms hat das Vorhandensein von Polymorphismen/fussnote**Polymorphismus:** Differenz in der DNA – Sequenz zwischen Individuen. gezeigt, die auf subtilen Unterschieden zwischen Individuen beruhen

[10] **Monozygot:** aus der Befruchtung einer einzigen Eizelle hervorgegangen

[11] **Mutation:** Prozess, durch den ein Gen oder eine DNA – Sequenz eine strukturelle Veränderung erfährt

[12] Der Wortlaut der UNESCO – Deklaration kann im Internet unter *http://www.unesco.org/human_rights/hrbc.htm* eingesehen werden

[13] Siehe: http://www.unep.ch/bio/bio – intr.html

und aus Veränderungen eines einzelnen Nukleotids [14] bestehen, kurz als SNPs (Single Nukleotide Polymorphisms) bezeichnet. Die vielfachen Variationen eines einzelnen Nukleotids an unterschiedlichen Genorten können vielleicht die genetischen Unterschiede zwischen Menschen als Individuen und zwischen Individuen verschiedener Populationen erklären. Die Kenntnis über das Vorhandensein von SNPs wird für die Pharmacogenomik von großem Nutzen sein und hilft beim Verständnis, warum derselbe Wirkstoff, an verschiedene Individuen verabreicht, Wirkung zeigt oder auch nicht, beim einen zu Nebenwirkungen führt und beim anderen nicht, oder warum Umwelteinflüsse Menschen bei der Entstehung bestimmter Erkrankungen unterschiedlich beeinflussen. So zielt das Humangenom – Projekt darauf ab, eine generische oder Konsens – Sequenzierung des Humangenoms zu erreichen.

Unabhängig davon wird auch das Humangenom Diversity Project (HGDP) durchgeführt, das, in den Augen seines wichtigsten Verfechters, Cavalli – Sforza (1995) "ein internationales anthropologisches Projekt ist, mit dem Ziel, den genetischen Reichtum der gesamten Spezies Mensch zu erforschen. Das Projekt wird unser Wissen über diesen genetischen Reichtum vergrößern und wird sowohl die Verschiedenheit als auch die tiefe, darunter verborgene Einheit der Menschen zeigen".

Das HDGP begann seine Arbeit im Jahre 1991 mit einem in dem Wissenschaftsjournal *Genomics* erscheinenden Leserbrief, der von Luigi Luca Cavalli – Sforza, Alan Wilson (kurz darauf verstorben), Mary – Clair King, Charles Cantor und Robert Cook – Deagan unterzeichnet war. Der Brief verteidigte die Notwendigkeit einer systematischen Erforschung der menschlichen Spezies auf genetischer Ebene. Im Jahre 1994 beschloß die Humangenom – Organisation (HUGO) die Übernahme des HDGP als eines ihrer Forschungsprojekte über das Humangenom. Das HDGP finanzierte sich ursprünglich durch die US National Science Foundation, die US National Institutes of Health (NIH) und das US Department of Energy.

Das Ziel des Humangenom Diversity Projects ist die Beurteilung des Umfangs der normalen menschlichen genetischen Verschiedenheit im menschlichen Genpool. Es ist offensichtlich sehr wichtig, dass ein *population sampling* für solch eine Variation repräsentativ ist.

Man glaubt, dass die menschliche Spezies, vom anthropologischen Blickwinkel der Verschiedenheit gesehen, aus 5000 verschiedenen Populationen besteht, die den etwa 5000 Sprachen entsprechen, die heute gesprochen werden

[14] **Nukleotid:** chemischer Grundbaustein der DNA

und die in siebzehn Familien oder Phyla klassifiziert werden (Ruhlen 1987). Es ist wichtig, darauf hinzuweisen, dass Sprachen die Barrieren darstellen, die im Laufe der Evolution zur Isolation menschlicher Populationen geführt haben. Die gesamte Evolution der Menschheit ist das Ergebnis der genetischen und der kulturellen Evolution.

Cavalli – Sforza et al. (1988) analysierten die menschliche Evolution und kombinierten dabei genetische, archäologische und linguistische Informationen. Linguistische Familien entsprechen Gruppen von Populationen mit nur geringen Überlappungen, und ihrem Ursprung kann ein Zeitrahmen zugeordnet werden. Einerseits entdeckten die Forscher, dass die durchschnittlichen genetischen Entfernungen zwischen den wichtigsten Clustern proportional zu den archäologischen Trennungszeiten sind. Auf der anderen Seite fanden sie auch beträchtliche Parallelen zwischen genetischer und linguistischer Evolution.

Das HGDP hofft, von 500 solcher Populationen Proben nehmen zu können: Zum einen werden Blutproben von Individuen benötigt, damit ein zelluläres Reservoir für langfristige Lagerung gebildet werden kann, das die für eine detaillierte genetische Analyse erforderliche DNA liefern würde. Außerdem werden von 100 – 200 Individuen Proben für kurzfristige genetische Studien benötigt, bei denen zur statistischen Analyse eine größere Probenanzahl erforderlich ist.

Wie Calderón betont (1996), ist eine Quelle der Unsicherheit im HGDP die Größe und Verteilung der geplanten Proben und die damit verbundene Frage, ob sie für die Variation innerhalb der menschlichen Spezies überhaupt repräsentativ sind. Die von Cavalli – Sforza vorgeschlagenen Kriterien zur Probennahme weisen einige Nachteile auf. Die Befürworter des HGDP wiesen darauf hin, dass die auszuwählenden Populationen diejenigen wären, die für die Anthropologen besonders interessant wären. Ebenfalls in die Studie integriert werden sollten alle ethnischen Gruppen, die ein Interesse an dem Projekt äußerten. Es sollte denjenigen Gruppen eine höhere Priorität gegeben werden, die schon vom anthropologischen Standpunkt aus detaillierter untersucht worden waren.

Aus diesem Ansatz ergeben sich bestimmte Fragen: Ist es bekannt, wie viele grundlegende menschliche Gruppen es weltweit gibt, oder anders ausgedrückt, Gruppen, die einen bedeutenden Anteil genetischer Variation in ihrem Genom haben, das die menschliche Spezies charakterisiert? Welchen Grad von ethnischer Charakteristik muss eine Population besitzen, um als eine im anthropologischen Sinne interessante Population klassifiziert zu werden?

Zusätzlich zu den vorher erwähnten Problemen, die sich auf das *population sampling* beziehen, sollten wir auch die Probleme erwähnen, die in Verbindung mit der Frage stehen "Welche genetischen Marker [15] sollten gewählt werden, und wie repräsentativ und zuverlässig sind sie?" und "Was ist die für die Rekonstruktion der biologischen Geschichte der Menschheit erforderliche Mindestanzahl dieser Marker?" Über dieses Thema wäre ein breiter Konsens erforderlich.

Historisch gesehen, gründeten sich die meisten Versuche der Klassifizierung von Humanpopulationen auf biologische Betrachtungen, oft als Reflexion eines kulturellen Wunsches nach Selbstbestätigung und Selbstidentifikation. Vom genetischen Standpunkt aus können beim Studium der Humanpopulationen zwei Typen von Merkmalen eingesetzt werden:

1. Quantitative morphologische Merkmale, die eine polygene [16] erbliche Grundlage besitzen, und die in ihrer phänotypischen Expression [17] einem starken Umwelteinfluss unterliegen.
2. Qualitative molekulare Merkmale (Proteine oder DNA) und einfache Vererbung nach den Mendel – Gesetzen, z.B. Blutgruppen, polymorphe Proteinsysteme und das HLA Inkompatibilitätssystem [18]

In den klassischen anthropologischen Studien basierte die Klassifizierung nach Rassen auf morphologischen Merkmalen wie Hautpigmentierung, Körpergröße und Körperform, auf bestimmten Gesichtsmerkmalen (z.B. Wangenknochen, Nase, Augenhöhlen), Schädelmaße, usw. Wie Cavalli – Sforza (1995) jedoch betonte, sind die sichtbaren morphologischen Charakteristika, die uns bei der Unterscheidung von Populationen oder Individuen von unterschied-

[15] **Marker:** spezielles Molekül bekannter Eigenschaften (z.B. Größe, Sequenz, usw.), das mit einer spezifischen Krankheit oder Merkmal assoziiert ist und als Referenz verwendet wird. Zur Untersuchung auf spezifische Krankheiten oder Merkmale werden die Proben mit dem Marker verglichen.

[16] **Polygen:** Teil einer Klasse von Genen, die sich zur Steuerung eines quantitativen Merkmals wie Körpergröße oder Hautfarbe des Menschen kombinieren

[17] **Phänotyp:** physische Eigenschaften, die durch Genexpression und Umwelteinflüsse produziert werden

[18] **HLA (engl.:human leucocyte antigen)**: System von genetisch bestimmten Antigenen, die auf der Oberfläche fast jeder menschlichen Zelle exprimiert werden, wodurch die Zellen eines Individuums von denen eines anderen Individuums unterschieden werden können, und woraus sich die Histokompatibilität (Gewebeverträglichkeit) und die genetische Ähnlichkeit zweier Individuen ergibt (siehe Seite 57)

lichen Kontinenten helfen, vom genetischen Standpunkt aus eigentlich oberflächliche Unterschiede. Im Gegenteil, genetische Studien von Humanpopulationen weisen darauf hin, dass einerseits die Muster der genetischen Verschiedenheit in Humanpopulationen breit und ihre Distribution ubiquitär ist, und dass andererseits die genetischen Unterschiede zwischen Individuen der selben Population größer als die zwischen den einzelnen Populationen sind.

Das HGDP erregte Misstrauen aus verschiedenen Richtungen, sowohl hinsichtlich des wissenschaftlichen Anspruchs (Handelt es sich überhaupt um eine repräsentative Probennahme?) als auch vom ethischen Standpunkt aus (Fleming 1996). Es ist vielsagend, dass Cavalli – Sforza (1995) sein Projekt 1994 der Internationalen Kommission für Bioethik der UNESCO präsentierte und ihm die Unterstützung der Organisation versagt blieb. Außerdem wiesen die eingeborenen Völker der westlichen Hemisphäre des amerikanischen Kontinents (Nord –, Süd – und Mittelamerika) in einer am 19. Februar 1995 in Phoenix (Arizona, USA) der Öffentlichkeit vorgestellten Deklaration das HGDP zurück. Die Reaktion der eingeborenen Völkergemeinschaften gegen das HGDP lässt sich wohl auf die Tatsache zurückführen, dass – wie schon durch das Subkomitee der UNESCO über Bioethik und Populationsgenetik (1995) angeprangert – Völker der Dritten Welt im Allgemeinen und eingeborene Völker im Besonderen Forschungsgegenstand von Wissenschaftlern aus den Industrienationen gewesen seien. Die Geschichte der Anthropologie basiert auf dem Studium der "exotischen Rassen", und die Anthropologen handelten im Rahmen der damaligen Vorurteile. Ein Beispiel dafür sind die Untersuchungen der Schädeldimensionen, die in der zweiten Hälfte des neunzehnten Jahrhunderts durchgeführt wurden. Die Forscher vermaßen die Schädel und klassifizierten die Rassen anhand der Abmessungen. Nach dieser Klassifizierung war die weiße Rasse der farbigen überlegen.

Die Befürworter des HGDP sind der Meinung, dass das Projekt zu einem besseren Verständnis der Art der Unterschiede zwischen Individuen und Populationen beitragen wird. Schließlich "wird es dabei helfen, die allgemeine Furcht und Ignoranz gegenüber der Humangenetik zu bekämpfen und einen bedeutenden Beitrag zur Eliminierung des Rassismus leisten".

Wie schon von Calderón festgestellt (1996), ist die moderne anthropologische Genetik zu dem anerkannten Schluss gekommen, dass die größte genetische Variation des Menschen polymorph, nicht polytypisch ist. Es ist genau die Entdeckung des Vorhandenseins kleiner genetischer Differenzen zwischen den so genannten "menschlichen Rassen" im Vergleich mit der größeren Verschiedenheit innerhalb einer Population, die ein Argument gegen die Pseudowissenschaft des Rassismus darstellt.

Rassismus impliziert die Überlegenheit einer Rasse (oder Population) über andere, wie auch die Vorstellung, dass die Mischung von Rassen schädlich für die Rasse sei, die sich für überlegen hält. Es sollte aber darauf hingewiesen werden, dass Rassismus im neunzehnten Jahrhundert entstand, noch vor der Entwicklung der Genetik. Das Konzept der Rasse basiert auf morphologischen Merkmalen des Phänotyps, die weder homogen sind noch einfach speziellen Genotpyen [19] zugeschrieben werden. Es gibt keine wissenschaftliche Grundlage für die Annahme, dass bestimmte Rassen den anderen überlegen seien.

Der Rassismus wurde aus einer pseudo – wissenschaftlichen Philosophie heraus geboren, die kulturelle Merkmale mit genetischen Charakteristika verwechselt. Das HGDP sollte dazu beitragen, deutlich zu machen, dass das Humangenom die fundamentale Grundlage aller Mitglieder der menschlichen Familie ist, wie es in der Allgemeinen Eklärung der UNESCO formuliert wird.

## Die Allgemeine Eklärung der UNESCO über das Humangenom und die Menschenrechte

Im gegenwärtigen Kontext beziehen wir uns nur auf die genetischen Aspekte der Allgemeinen Eklärung über das Humangenom und die Menschenrechte, welche die 186 Mitgliedsstaaten der UNESCO auf der 29. Generalkonferenz am 11. November 1997 [20] verabschiedeten. Diese Deklaration wurde 1998 von den Vereinten Nationen übernommen, und fiel mit dem 50. Jahrestag der Erklärung der Menschenrechte im Jahre 1948 zusammen.

Bei der Beurteilung einer allgemeinen Erklärung wie dieser, die uns hier betrifft, müssen wir zuallererst die Tatsache im Gedächtnis behalten, dass so eine Erklärung in das Rahmenwerk von bestimmten, allgemeingültigen Prinzipien passen sollte, die für Länder mit den unterschiedlichsten kulturellen und philosophischen Hintergründen und anderen Interessen akzeptabel sind, so dass unnötige Konfrontationen vermieden werden. So wurde sogar der Titel der Erklärung, der in allen Entwürfen die Formulierung ". . . . und die Rechte des Menschen" enthielt, schließlich in ". . . . Menschenrechte" geändert. Dies geschah zweifellos zur Vermeidung einer Kontroverse über den Status des

[19] **Genotyp:** die spezifische Art und Anordnung der Gene in einem Organismus
[20] Siehe *Anhang II* bez. Website

menschlichen Embryo und über den Zeitpunkt, ab dem man in der menschlichen Entwicklung von einem eigenständigen Menschen sprechen kann.

Das erste Grundprinzip der Erklärung besagt: "Das menschliche Genom liegt der grundlegenden Einheit aller Mitglieder der menschlichen Gesellschaft sowie der Anerkennung der ihnen innewohnenden Würde und Vielfalt zugrunde. In einem symbolischen Sinne ist es das Erbe der Menschheit" (Artikel 1).

Was bedeutet es genau, dass im symbolischen Sinn "das Humangenom das Erbe der Menschheit ist"? Wie Gros Espiell (1995) deutlich macht, hat das Konzept des "Erbes der Menschheit" eine rechtliche Bedeutung, die sich langsam über mehr als ein Jahrhundert herausbildete:

Die Tatsache, dass das Humangenom als gemeinsames Erbe der Menschheit proklamiert wurde, bestätigt die Rechte und Pflichten eines jeden Menschen gegenüber seinem genetischen Erbe. Diese Rechte können weder übertragen noch kann auf sie verzichtet werden. Sie sind für die gesamte Menschheit von Bedeutung, welche ihrerseits, da sie dem Gesetz unterliegt, diese Rechte mit Respekt gegenüber der rechtlich organisierten internationalen Gemeinschaft schützt, garantiert und sicherstellt, dass sie nicht zum Gegenstand einer Aneignung oder Verfügung durch ein anderes Individuum oder durch eine andere kollektive Gruppe werden, sei es ein Staat, eine Nation oder ein Volk.

Artikel 2 der Deklaration beinhaltet drei Hauptprinzipien:

1. Jeder Mensch besitzt seine eigene genetische Identität, die in der materiellen Form des Genoms vorliegt.
2. Man sollte nicht in genetischen Reduktionismus verfallen, und ein Individuum nicht auf seine genetischen Merkmale reduzieren.
3. Kein Individuum darf aufgrund seiner genetischen Merkmale diskriminiert werden.

Artikel 3 bezieht sich auf zwei wichtige genetische Aspekte: erstens, das evolutionäre und dynamische Konzept des Humangenoms, welches sich durch Mutationen ständig genetisch verändert; und zweitens, das Konzept der Entwicklung des Individuums als Ergebnis der Expression seines Genotyps (Genom) in einer bestimmten Umgebung und unter bestimmten sozio-kulturellen Bedingungen.

Eine der gegenwärtig hitzigsten Kontroversen konzentriert sich auf die Patentierung der menschlichen Gene, die im Beitrag von Professor Bartha Maria Knopper ausführlich behandelt wird. Mein einziger Kommentar dazu ist, dass es bei der Formulierung der Deklaration offensichtlich Länder gab, die mit

Gegenstimmen drohten, falls solche Patente durch den Entwurf verurteilt werden würden. Im Angesicht dieses beidseitigen Drucks wurde Artikel 4 in die Deklaration aufgenommen, meiner Auffassung nach etwas zweideutig formuliert (vielleicht musste er das auch sein), der besagt, dass das Humangenom *in seinem natürlichen Status* (Hervorhebung von mir) nicht zu finanziellen Gewinnen führen dürfe." Die Frage, die sich hier wieder stellt, ist die, ob die Sequenzen der Human – DNA, die bei vielen Gelegenheiten patentiert werden sollen, dem natürlichen Status, in dem das Humangenom vorgefunden wird, entsprechen. Das könnte zum Beispiel der Fall sein, wenn man versucht, Sequenzen von copy – DNA (cDNA) [21] zu patentieren, die aus der in den Zellen vorhandenen messenger – RNA [22] gewonnen wurde (anders ausgedrückt: entsprechend der Exonen [23] exprimierter Gene) [24]. Man wird sich erinnern, dass die Konvention für Menschenrechte und Biomedizin [25] des Europarates, die in Oviedo (Spanien) am 4. April 1997 zum Beitritt offenstand, sich nicht auf die Patentierung menschlicher Gene bezog, und damit den "Schwarzen Peter" an die Direktive der Europäischen Union über den gesetzlichen Schutz für biotechnologische Erfindungen weitergab, die im Juli 1998 verabschiedet wurde. [26]

Nach Einfügung einer Reihe subtiler Unterscheidungen befürwortete Direktive 98/44/EC schließlich die Patentierung von Genen. Sie beinhaltet sogar einige Artikel über menschliche Gene, und zwar:

Artikel 3 besagt, dass

[21] **cDNA:** DNA – Strang, der genau zu einer bestimmten messenger – RNA passt, die für ein bestimmtes Eiweiß kodiert.

[22] **mRNA** (messenger RNA): auch Boten – RNA genannt; eine Ribonukleinsäure, die den genetischen Code für ein bestimmtes Protein von der DNA im Zellkern zu einem Ribosom im Cytoplasma transportiert und als Schablone oder Muster für die Bildung dieses Proteins dient.

[23] **Exon:** Teil eines unterbrochenen Gens, das im RNA – Produkt repräsentiert und in Protein übertragen wird.

[24] **Genexpression:** Prozess, durch den die Information eines Gens zur Proteinsynthese verwendet wird.

[25] Der vollständige Text der Konvention für den Schutz der Menschenrechte und die Würde des Menschen (4. April 1997) bezüglich der Anwendung von Biologie und Medizin ist im Internet einsehbar unter: http://book.coe.fr/conv/en/ui/frm/f164 – e.htm

[26] EU Direktive 98/44/EC des Europäischen Parlaments und des Rates vom 6. Juli 1998 über den gesetzlichen Schutz biotechnologischer Interventionen, L213 Offizielles Journal, (30. Juli 1998), S. 0012 – 0021, kann im Internet eingesehen werden unter: http://europa.eu.int/eur – lex/en/lif/dat/1998/en_398L0044.html

2. Biologisches Material, das aus seiner Umgebung isoliert oder mittels eines technischen Prozesses hergestellt wurde, Gegenstand einer Erfindung sein kann, auch wenn es zuvor so in der Natur vorgekommen ist.

unter Berücksichtigung der Tatsache, dass Artikel 2.1(a) "biologisches Material" definiert als "jede Art von Material, das genetische Informationen enthält und zur Reproduktion fähig ist oder in einem biologischen System reproduziert werden kann".

Obwohl Artikel 5, Absatz 1 besagt, dass

> [... ] die einfache Entdeckung [... ] einer Sequenz oder Teilsequenz eines [menschlichen] Gens keine patentierbare Erfindung darstellen kann

sagen Absatz 2 und 3 des selben Artikels:

2. Ein Element, das vom menschlichen Körper isoliert oder anderweitig durch einen technischen Prozess produziert wurde, einschließlich der Sequenz oder Teilsequenz eines Gens, kann eine patentierbare Erfindung sein, auch wenn die Struktur dieses Elements identisch mit der des natürlichen Elements ist.

3. Die industrielle Anwendung einer Sequenz oder Teilsequenz eines [menschlichen] Gens muss bei der Patenanmeldung offengelegt werden.

Schließlich besagt Artikel 9 der Direktive:

Der durch ein Patent verliehene Schutz eines Produktes, das genetische Informationen enthält oder daraus besteht, soll sich mit Ausnahme der in Artikel 5(1) genannten Materialien auf jedes Material erstrecken, in die das Produkt inkorporiert ist und in welchem die genetische Information enthalten ist und ihre Funktion ausübt.

Es muss unbedingt darauf hingewiesen werden, dass die Direktive keine bioethische Deklaration, sondern ein rechtliches Dokument darstellt.

Wie in der Präambel ausgedrückt, ist die Deklaration der UNESCO eine Folge der Anerkennung, dass die Erforschung des Humangenoms und seiner Anwendungen bedeutende Chancen zur Verbesserung der Gesundheit des Einzelnen wie auch der Gesundheit der Menschheit im Ganzen bietet. Es wird auch anerkannt, das diese Forschungen die Würde und die Rechte der Person respektieren müssen, und es werden alle Formen der Diskriminierung aufgrund von genetischen Merkmalen eines Individuums verurteilt. Aus diesem Grunde wird in den Artikeln 4 und 5 der Deklaration die Wichtigkeit der Erforschung des Humangenoms und die Anwendung der gewonnenen Erkenntnisse für die Gesundheit und das Wohlbefinden der Menschen angesprochen. Dies muss unter Respektierung der Würde und der Rechte des Individuums wie auch des gleichberechtigten Zugangs zu den Vorteilen des wissenschaftlichen Fortschritts in der Biologie im Allgemeinen und der Genetik im Besonderen erfolgen.

Einige der in der Deklaration der UNESCO enthaltenen Grundsätze beziehen sich auf die unterschiedlichen Aspekte der Bioethik. So werden die folgenden Erfordernisse genannt:

1. Förderung des Einsatzes unabhängiger, multidisziplinärer und pluralistischer Ethikkomitees auf allen angemessenen Ebenen zur Überprüfung der ethischen, rechtlichen und sozialen Fragen, die durch die Erforschung des Humangenoms und seiner Anwendungen aufgeworfen werden (Artikel 16);
2. Förderung von Bildung in Bioethik auf allen Ebenen (Artikel 20);
3. Individuen und Gesellschaft sollen sich ihrer Verantwortung bewusst werden, die sie für die Verteidigung der Menschenwürde bei biologischen, genetischen und medizinischen Themen haben (Artikel 21);
4. Erleichterung einer offenen internationalen Diskussion dieses Themas und Sicherstellung der freien Meinungsäußerung hinsichtlich sozio – kultureller, religiöser und philosophischer Aspekte.

Die Allgemeine Deklaration der UNESCO über das Humangenom und die Menschenrechte und die Konvention des Europarates über Menschenrechte und Biomedizin reflektieren das Ausmaß, in dem die Welt über die Macht besorgt ist, die durch die Verwendung von Gentechnik in der biomedizinischen Forschung und ihre Anwendung entsteht.

## Manipulation des Humangenoms, Bioethik und Gesellschaft

Ein Einblick in mögliche Genmanipulationen am Menschen kann am besten durch eine systematische Darstellung der verschiedenen Möglichkeiten erfolgen, zum Beispiel nach unterschiedlichen biologischen Organisationsebenen (molekular, zellulär, individuell, Population) oder nach verschiedenen Entwicklungsstadien (Gamet, Embryo, Fetus, individuelles Neugeborenes), auf denen die genetischen Manipulationen ausgeführt werden oder sich ihre Auswirkungen zeigen:

### Manipulation der menschlichen DNA

#### Molekularanalyse des Humangenoms

- Sequenzierung (Humangenom – Projekt)
- Molekulare Präimplantations – oder Pränataldiagnostik
- DNA Fingerprinting (forensische Genetik)

**Verwendung menschlicher Gene**

- Transfer in nicht – menschliche Organismen
  * Herstellung therapeutischer menschlicher Proteine (Bakterien, transgene Tiere)
  * Direkte Auswirkungen auf Tiere
- Gentherapie des Menschen
  * Somatische Zellen [27]
  * Keimzellen [28]

**Manipulation menschlicher Zellen**

- Somatische Zellen: Zellkulturen
- Keimzellen
- Interspezifische zelluläre Hybridisierung
  - Somatische Zellfusion: Genkartierung
  - Interspezifische *in vitro* Befruchtung: Hamster – Test

**Fortpflanzung und Manipulation menschlicher Embryonen**

- Künstliche Befruchtung
- Intratubarer Embryonentransfer (GIFT)
- Einfrieren von Keimzellen (Samenzelle, Eizelle)
- Beginn des menschlichen Lebens: Embryonenstatus
- *In vitro* – Fertilisation (IVF)
  - IVFET (konventionell, ICSI, Spermatiden)
  - Einfrieren von Embryonen
  - Embryonenselektion (Präimplantationsdiagnostik, Selektion des Geschlechts)
  - Embryonenforschung
  - Klonen

---

[27] **Somatische Zelle:** Körperzelle eines Organismus (mit Ausnahme der Gameten oder Geschlechtszellen).

[28] **Keimzelle:** Eizelle und Samenzelle (Geschlechtszellen).

  * Reproduktion
  * Therapie (nicht reproduktiv): Gewebekulturen

**Manipulation menschlicher Individuen**

- **Positive Eugenik**
  - Gentransfer: Körper– und Keimzellen – Gentherapie mit menschlichen oder nicht – menschlichen Genen
  - Genmosaik
    * Menschliche Organtransplantationen
      - Körperorgane
      - Gonaden
- Transplantation nicht – menschlicher Körperorgane: xenogene Transplantation
- **Negative Eugenik**
  - Verhinderung genetisch fehlerhafter Nachkommenschaft
    * Genetische Beratung
      - Verhinderung der Ehe bei genetischem Risiko
      - Geburtenkontrolle
        - Schwangerschaftsverhütung (Kontrazeptiva, IUDs, die "Pille danach")
        - Sterilisation (Mann oder Frau)
  - Eliminierung genetisch fehlerhafter Nachkommenschaft
    * Pränatale Diagnostik: Schwangerschaftsabbruch bei eugenischer Indikation (Amniozentese, Chorionbiopsie, Ultraschall, Fetoskopie)
    * Kindstötung

**Manipulation von Humanpopulationen**

- Euphenik
- Beeinflussung der eigenen menschlichen Evolution

Die Möglichkeiten der menschlichen Genmanipulation sind also sehr groß. Dennoch wird im gegenwärtigen Kontext auf das Humangenom – Projekt nur als Komponente der menschlichen DNA – Manipulation Bezug genommen.

## Das Humangenom – Projekt und die interdisziplinäre Sozialdebatte

Die durch das Humangenom – Projekt bekannt werdende genetische Information ist eine wichtige Grundlage für die Medizin der Zukunft; es wird sich eine neue Art der Medizin entwickeln, die von den einen als "prädiktive Medizin", von den anderen als "genomische Medizin" bezeichnet wird. Das endgültige Ergebnis des Projektes wird eine Referenz – und Sequenzierungskarte sein, die für die kommenden Jahrhunderte ein "Nachschlagewerk" für menschliche Biologie und Medizin sein wird. Bei all dem sollten wir nie vergessen, dass es trotz der genetischen Variabilität der menschlichen Populationen deutlich wird, dass die Quantität und Qualität der Variationen nicht mehr verwirrend ist, sobald die Daten zusammengefügt sind und eine Landkarte des Humangenoms vorliegt. Wie Watson (1990) sagte:

Nie mehr werden die Menschen einen wichtigeren Satz an Lehrbüchern finden. Sobald die genetischen Botschaften, die innerhalb der DNA – Moleküle kodiert sind, endgültig interpretiert sind, werden sie die endgültigen Antworten auf die Fragen nach dem chemischen Unterbau der menschlichen Existenz geben. Sie werden uns nicht nur dabei helfen, zu verstehen, wie der gesunde Mensch funktioniert, sondern werden uns auch auf der Molekularebene die Erklärung dafür liefern, welche Rolle die genetischen Faktoren bei vielen Krankheiten spielen, z.B. bei Krebs, Alzheimer und Schizophrenie, die das individuelle Leben von Millionen von Menschen beeinträchtigen.

Das HGP wird bedeutende Konsequenzen für die medizinische Genetik und besonders für die genetische Beratung haben. Wie Jonsen betonte (1991), werden die Implikationen des Humangenom – Projekts hinsichtlich des Arzt – Patienten – Verhältnisses zu drastischen Innovationen in Diagnose, Prognose und klinischer Therapie führen. Die Einbeziehung der genetischen Information bezüglich der Risiken (Wahrscheinlichkeit) bestimmter Erkrankungen und der Unvermeidlichkeit (Gewissheit) anderer Erkrankungen, wie auch die unterschiedliche Ausprägung dieser Erkrankungen und die Multiplizität von Faktoren, von denen es abhängt, wie sie sich äußern, können die Bedingungen im Arzt – Patienten – Verhältnis auf verschiedene Weise ändern.

Jonsen hat diese Konsequenzen als "der Patient als Population" und das "Problem im Patienten" bezeichnet.

Der erste Aspekt bezieht sich auf die Tatsache, dass die Familie des Patienten sich verändert und von einer unterstützenden Gemeinschaft zu einer betroffenen Gemeinschaft wird. Familien werden als Krankheitszentren betrachtet, als Träger bekannter Risiken oder unvermeidlicher Erkrankungen. Das bedeutet, dass die Entscheidung für oder gegen Kinder in therapeutischer Hinsicht so bedeutend wird, wie es die Arzneimitteltherapie und die Chirurgie heute sind. Der Patient wird vielleicht weniger als Individuum und mehr als eine "Populationseinheit" gesehen.

Der zweite Aspekt, nämlich das "Problem im Patienten" bezieht sich auf die Fälle, in denen die aus der Molekularanalyse bezogene genetische Information es der betroffenen Person ermöglicht, ihr zukünftiges Schicksal zu erfahren, lange bevor die Symptome einer eventuell noch unheilbaren Erkrankung erscheinen! Anders ausgedrückt: Es wird erforderlich sein, zwischen den Patienten zu unterscheiden, die klinisch gar nicht in Erscheinung treten, da sie gesund sind, und jenen Patienten, die zwar klinisch erfasst werden, jedoch nicht geheilt werden können.

Konfrontiert mit der Möglichkeit, zu wissen, dass eine Person ein Gen trägt, das im Laufe der Jahre zur Entwicklung einer Krankheit führen wird, stellt sich die Frage: Wer soll diese Information weitergeben und wie, an wen und zu welchem Zeitpunkt? Und wie wird die psychologische Reaktion des Patienten ausfallen? Äußert sie sich in Aggressionen gegenüber seinen Eltern? In persönlicher Desillusionierung, mit dem Gedanken, dass das Leben ein Fehlschlag war? In Verantwortungsbewusstsein gegenüber der eventuellen Nachkommenschaft? Das Wissen, das aus dem Humangenom – Projekt bezogen wird, könnte das altbekannte Sprichwort "Vorsorgen ist besser als heilen" der Präventivmedizin in "Voraussagen ist besser als Vorsorgen" verändern, was zur prädiktiven Medizin oder genomischen Medizin gehört.

Vom ethischen Standpunkt aus darf nicht vergessen werden, dass die Moleküle der rekombinanten DNA [29] – die Grundlage der gegenwärtigen molekularen Gentechnologie – zu einer noch nie dagewesenen Situation führten: Zum ersten Male setzten sich die Forscher selbst ein Moratorium für ihre eigenen Untersuchungen. Eine Forschergruppe unter der Führung des Nobelpreisträgers Paul Berg, die in der neuen Molekulartechnologie eine Pionierstellung einnimmt und zu deren Mitgliedern auch andere Nobelpreisträger gehören (Baltimore, Nathans und Watson), publizierte am 19. Juli 1974 gleichzeitig in drei renommierten wissenschaftlichen Journalen (*Nature, Science* und *Proceedings of the National Academy of Sciences*) das folgende Manifest:

Die Unterzeichner, Mitglieder einer Kommission, die im Namen und unter der Schirmherrschaft der Assembly of Life Sciences des Nationalen For-

---

[29] **Moleküle der rekombinanten DNA:** Hybridisierte DNA – Sequenzen unterschiedlichen Ursprungs, die *in vitro* neu kombiniert werden.

schungsrates der USA handeln, sprechen die folgenden Empfehlungen aus: Als erste und wichtigste Empfehlung: Bis die potentiellen Risiken der rekombinanten DNA-Moleküle besser abgeschätzt werden können, oder bis zur Entwicklung geeigneter Methoden zur Verhinderung ihrer Ausbreitung, sollten sich Forscher auf der ganzen Welt diesem Komitee anschließen und freiwillig auf die folgenden Arten von Experimenten verzichten.

Zweifellos markierte diese Urkunde einen wichtigen Augenblick in der Geschichte der Bioethik. Man kann sagen, dass von diesem Zeitpunkt an in der genetischen und biomedizinischen Forschung die Diskussion und interdisziplinäre Beurteilung vom wissenschaftlichen, ethischen, rechtlichen und sozialen Standpunkt aus gleichzeitig mit oder sogar vor der irreversiblen Etablierung der wissenschaftlichen Fakten erfolgten. Das ist auch beim Humangenom-Projekt geschehen. So wurde in den USA entschieden, dass zu Anfang 3-5 % des wissenschaftlichen Budgets der Erforschung der ethischen und sozialen Implikationen gewidmet wird. Diese Vorgehensweise wurde von anderen Staaten übernommen (so stellen Kanada und die EU 7-8% bereit). Als Folge fanden auf der ganzen Welt eine zunehmende Anzahl an interdisziplinären Konferenzen statt. Dazu gehörten in Spanien auch die Konferenz von Valencia im Jahre 1990, auf der zahlreiche ethische Aspekte diskutiert wurden (II. Workshop über Internationale Kooperation für das Humangenom-Projekt: Ethik) und 1993 in Bilbao, wo rechtliche Aspekte untersucht wurden (Internationaler Workshop über das Humangenom-Projekt: rechtliche Aspekte). Beide Konferenzen wurden von Professor Santiago Grisolía organisiert, der damals Präsident des Humangenom-Projekt-Komitees der UNESCO war (Fundación BBV Documenta, 1991, 1994).

## Ein internationaler Ethikkodex für Humangenetik

1991 wies Fletcher auf die Notwendigkeit hin, einen Internationalen Kodex für Humangenetik zu erstellen. Seinen Argumenten lagen vier Voraussetzungen zugrunde:

Das Humangenom-Projekt soll und wird erfolgreich sein.

Genetische Dienstleistungen werden allmählich Teil des allgemeinen Gesundheitswesens in Industrienationen und Schwellenländern werden.

Genetisches Wissen wird zu einem normalen Teil des täglichen Lebens werden, denn die genetischen Informationen werden die medizinische Praxis verändern. Auch wird die neue Generation in der Überzeugung erzogen, dass es gut ist, seine eigenen genetischen Merkmale kennenlernen zu wollen, um Schaden von sich selbst, den Kindern und zukünftigen Generationen abzuwenden.

Es gibt schon einen Kernbestand ethischer Vereinbarungen zwischen den Experten vieler Länder über den Einsatz genetischen Wissens im medizinischen und sozialen Kontext.

Ausgehend von diesen Voraussetzungen zeigt Fletcher, dass die ethischen Probleme, mit denen genetische Kliniker und ihre Patienten konfrontiert sind, keinesfalls neu sind, sondern schon im Zeitalter der "alten Genetik" bestanden. Mit der Entwicklung der so genannten "neuen Genetik", die auf der Vorherrschaft der Nukleinsäuren – Technologie basiert, haben sich die ethischen Probleme in Umfang und Komplexität jedoch enorm vergrößert.

Fletcher präsentierte die folgenden ethischen Problemstellungen, geordnet nach ihrer Bedeutung, und gründete diese Hierarchie auf die folgenden Kriterien: Ergebnisse einer internationalen Erhebung, Daten über Häufigkeit der Diskussion zwischen Experten für Genetik und für medizinische Ethik, und drittens hinsichtlich der Anzahl an Menschen, deren Wohlergehen durch das Problem beeinträchtigt ist:

1. *Gleiche Zugangsmöglichkeiten zu genetischen Dienstleistungen*, aber unter Bevorzugung derer, die ein hohes genetisches Risiko tragen.
2. *Das Recht zum Schwangerschaftsabbruch*, unter Respektierung des elterlichen Wunsches nach Abbruch oder Weiterführung der Schwangerschaft bei einem anomalen Fetus.
3. *Schweigepflicht,* nicht jedoch in absoluter Hinsicht, z.B. wenn der Patient sich weigert, eventuell Betroffene zu informieren.
4. *Schutz der Privatsphäre vor dem Eindringen Dritter*, durch wirkungsvolle gesetzliche Normen zur Verhinderung von Diskriminierung von zukünftigen Arbeitnehmern und zur Vermeidung von Auswirkungen genetischer Information auf Kranken – und Lebensversicherungsprämien.
5. *Probleme bei der Offenlegung genetischer Daten:* An wen und wie sollen diese Daten weitergegeben werden.
6. *Indikationen für Pränataldiagnostik* nur bei Gefährdung der Gesundheit des Feten.
7. *Umfangreiche freiwillige oder obligatorische genetische Untersuchungen* (eines großen Bevölkerungsanteils), die aber nur dann obligatorisch sind, wenn es für die ganze Bevölkerung eine geeignete klinische Therapie gibt.
8. *Genetische Beratung* sollte nicht zur Pflicht werden.

Der unleugbare Wert des wissenschaftlichen Fortschritts könnte durch die Tatsache etwas in Frage gestellt sein, dass das neue Wissen für die Betroffenen ausschließlich ein Grund zur Besorgnis darstellt, es sei denn, dass geeignete Therapieformen entwickelt werden, die für die Betroffenen auch zugänglich sind. Aus diesem Grunde wies Watson (1990) darauf hin, "dass wir damit beginnen müssen, unser Volk über die verschiedenen genetischen Optionen zu informieren, zwischen denen sie als Individuen werden wählen müssen." Es ist klar, dass diese Tatsache, die Möglichkeiten für verantwortungsbewusste wie auch verantwortungslose Elternschaft bietet, zusätzliche ernste ethische Probleme aufwerfen kann.

## Literatur

Bateson, William. 1906. "Report on the Third International Conference on Genetics." Ed. Rev. W. Wilks, *Journal of the Royal Horticultural Society*, London

Calderón, Rosario. 1996. "El Proyecto Genoma Humano sobre diversidad: aspectos éticos." *Rev. Der. Gen.* H, 4: 121 – 39

Cavalli – Sforza, Luigi Luca. 1995. "The Human Genome Diversity Project." Vol. II, IBC Proceedings, UNESCO, Paris

Cavalli – Sforza, Luigi Luca; Piazza, A.; Menozzi, P.; Mountain, J. 1988. "Reconstruction of human evolution: bringing together genetics, archaeological and linguistic data."" *Proc. Nat. Acad. Sci.*, 85: 6002 – 06

Fleming, John., 1996. "La ética y el Proyecto Genoma Humano sobre Diversidad." *Rev. Der. Gen.H.*, 4: 159 – 186

Fletcher, John, 1991. "Etica y genética humana una vez cartografiado el genoma humano." In *Proyecto Genoma Humano: Etica* (Koord. S. Grisolía). Fundación BBV, Bilbao, S. 287 – 297

Fundación BBV documenta. 1991. *Proyecto Genoma Humano: Etica* (Koord. S. Grisolía). Fundacion BBV, Bilbao, 479 Seiten

Fundación BBV documenta. 1994. *El Derecho ante el Proyecto Genoma Humano.* Band I, 448 S.; Band II 287 S.; Band III 307 S.; Band IV, 399 S. (Koord. S. Grisolía). Fundación BBV, Bilbao.

Gros Espiell, Héctor. 1995 "El patrimonio común de la Humanidad y el genoma humano." *Rev. Der. Gen. H.*,3: S. 91 – 103

International Human Genome Sequencing Consortium 2001. "Initial sequence and analysis of the human genome." *Nature*, 409 (6822) S. 860 – 921

Jonsen, Albert R. 1991. "El impacto del cartografiado del genoma humano en la relación paciente – médico". In *Proyecto Genoma Humano: Etica* (Koord. S. Grisolía), Fundación BBV, Bilbao, S. 229 – 39

Lacadena, Juan – Ramón. 1981. *Genética* (3. Auflage, Prolog). A.G.E.S.A., Madrid

Lacadena, Juan – Ramón. 1992. "Manipulación genética." In *Conceptos fundamentales de ética teológica* (Herausgeber M. Vidal), Editorial Trotta S.A., Madrid, S. 457-92

Lacadena, Juan – Ramón. 1993. "Sobre la naturaleza genética humana." In (F. Abel, C. Cañón Herausg.), *La mediación de la Filosofía en la construcción de la Bioética*, Univ. Pontif. Comillas, Madrid, Federación Inter. Univ. Católicas, S. 15 – 25.

Lacadena, Juan – Ramón. 1996. "El Proyecto Genoma Humano: Ciencia y ética." *Jornadas Iberoamericanas*, Juni 1996. Real Academia de Farmacia, Madrid, S. 5 – 41

Lacadena, Juan – Ramón. 1999. *Genética General. Conceptos fundamentales*. Editorial Síntesis, Madrid

Lander, Eric S.; Weinberg, Robert A. 2000. "Genomics: journey to the center of biology." *Science*, 287. 1777 – 1782

Mayr, Ernst. 1970. *Populations, species and evolu*tion (Kapitel 2). The Bellknap Press of Harvard University Press, Cambridge, Ma.

Ruhlen Merritt. 1987. *A Guide to the World's Languages*. Band 1, Stanford University Press, Stanford, California

UNESCO International Bioethics Committee Population Genetics and Bioethics report. 15. Nov. 1995

Venter, Craig; Adams, M.D.; Myers, E.W. et al. 2001. "The sequence of the human genome". *Science*, 291 (5507), S. 1304 – 51

Waddington, Conrad Hal 1960. *The ethical animal*. Allen and Unwin, London

Watson, James D. 1990. "The Human Genome Project: past, present and future," in *Science*, 248: S. 44 – 49

# Prädiktive Medizin

Professor Jean Dausset

Äskulap, der Gott der Medizin, hatte drei Töchter: Hygieia, die Göttin der Gesundheit, Panacea, die Göttin der Therapie und Iaso, die Göttin der Heilung. Wir sollten vielleicht noch eine vierte Göttin erschaffen, die Göttin der Prädiktion. Denn wo einst die kurative Medizin vor der Präventivmedizin und der Prädiktivmedizin stand, hat sich diese Reihenfolge nun umgekehrt. Jetzt müssen wir vorhersagen, um verhüten zu können und erst dann, wenn nötig, eine frühzeitige Behandlung zur Verfügung stellen.

Man musste kein Experte sein, um sich vorstellen zu können, welche Chancen sich auf medizinischem Gebiet durch die Entdeckung ergaben, dass viele Krankheiten mit den Humanen Leukozyten Antigenen assoziiert sind (HLA: siehe unten). Es war klar, dass diese Marker [1] der Empfänglichkeit und Resistenz die Diagnose vereinfachen würden, und vor allem bei der Verordnung rechtzeitiger präventiver oder kurativer Maßnahmen helfen könnten.

## Humanes Leukozyten Antigensystem (HLA)

Jeder ist mit dem ABO – Blutgruppensystem vertraut. Eine Bluttransfusion erfordert die Kompatibilität zwischen Spender und Empfänger. Gleicherweise müssen unter dem HLA – System die Gewebegruppen kompatibel sein, wenn Organspenden, und vor allem Knochenmarkstransplantationen, erfolgreich sein sollen.

Das HLA – System besteht aus fünf Hauptgenen (A, B, C, DR, DQ), die nebeneinander auf Chromosom 6 sitzen.

---

[1] *Marker:* spezielles Protein bekannter Eigenschaften (z.B. Größe, Sequenz, usw.), das mit einer spezifischen Krankheit oder Merkmal assoziiert ist und als Referenz verwendet wird. Zur Untersuchung auf spezifische Krankheiten oder Merkmale werden die Proben mit dem Marker verglichen.

Jedes dieser Gene besitzt einige Varianten oder Allele [2], in manchen Fällen gibt es sogar eine große Anzahl dieser Allele (mehrere Hundert für Gen B).

Jedes Individuum ist mit einem Satz von Genvarianten ausgestattet, wobei ein Teil vom Vater, der andere von der Mutter stammt. Daraus ergibt sich, dass die Kombination dieser Varianten eine astronomisch hohe Zahl erreichen kann (mehrere Millionen). Gleich einem Barcode ist die individuelle Kombination dieser Varianten wie ein Stempel, der unsere Individualität prägt.

Das Produkt dieser Gene findet sich in Form der HLA – Moleküle auf der Oberfläche fast jeder Körperzelle.

Ihre Funktion ist es, durch die Unterscheidung zwischen "selbst" und "fremd" den Verteidigungsmechanismus des Körpers auszulösen.

Letztendlich sind einige dieser Genvarianten mehr (bis zu 100 %) oder weniger mit bestimmten Krankheiten assoziiert. Durch diese Assoziationen ist eine Bestimmung der Individuen möglich, die zur Entwicklung einer bestimmten Erkrankung prädisponiert sind.

Auf dieser Grundlage basiert die prädiktive Medizin.

Schon 1972 habe ich geschrieben: "Eine relativ bedeutungsvolle positive oder negative Assoziation der HLA – Determinanten mit einer gut beschriebenen Krankheit wäre von äußerst *prädiktivem* Wert... Wir sind davon überzeugt, dass die Gewebealloimmunologie, zusätzlich zu ihrem großen Nutzen in der Transplantationschirurgie, in diesem Bereich ein neues und noch größeres Anwendungsfeld finden wird." (Dausset 1972).

## Definitionen

Medizin kann nur dann als prädiktiv bezeichnet werden, wenn das untersuchte Individuum noch keine pathologische Manifestation der Krankheit aufweist, für die eine mögliche Prädisposition befürchtet wird.

So definieren wir prädiktive Medizin als "Identifizierung *gesunder* Individuen mit einer Prädisposition zur Entwicklung einer bestimmten Krankheit. Umgekehrt ermöglicht die prädiktive Medizin auch die Identifizierung solcher Individuen, die diese Prädisposition nicht haben, oder sogar durch spezielle Resistenzgene geschützt sind." Diese Definition schließt Feten aus, bei denen eine Krankheit bereits *in utero* diagnostiziert wurde, oder bei denen bekannt ist, dass sich bald nach der Geburt eine solche Krankheit entwickeln wird.

---

[2] *Allele:* Variationen des selben Gens. Verschiedene Allele produzieren Variationen der Erbmerkmale, z.B. Augenfarbe oder Blutgruppe.

Das Konzept betrifft deshalb alle Individuen, bei denen eine klinische Untersuchung oder auch spezielle zusätzliche Untersuchungen ergeben haben, dass sie frei von der befürchteten Krankheit sind.

So ist das Ziel der prädiktiven Medizin die Identifizierung gesunder Individuen, die entweder prädisponiert oder resistent sind.

Ganz allgemein gesprochen, kommt die Prädiktion vor der Prävention. Sie identifiziert, entweder innerhalb einer Familie oder in der Gesamtbevölkerung, die Individuen, die präventiv überwacht werden müssen. Die Vorteile sind offensichtlich.

Außerdem kann das Risiko dieser Individuen sogar quantifiziert werden, indem man innerhalb einer untersuchten Population die Anzahl der erkrankten Individuen, die einen oder mehrere genetische Risikomarker besitzen, mit der Anzahl von Individuen, die auch erkrankt sind, aber keinen dieser Risikomarker aufweisen, vergleicht. Dies wird als relatives Risiko bezeichnet. Prädiktive Medizin beschäftigt sich also in erster Linie mit Wahrscheinlichkeiten. Aber ein Risiko wird gelegentlich als Gewissheit verstanden und kann beim Betroffenen manchmal zu unverhältnismäßig großen Befürchtungen oder sogar Panik führen.

Der Begriff "prädiktiv" wird gelegentlich missverstanden, auf jeden Fall im Französischen. Je nach Höhe des relativen Risikos beschwört er die wirklich entstehenden Risiken herauf. Vielleicht wäre es besser, von "individueller" oder "maßgeschneiderter" Präventivmedizin zu sprechen, im Gegensatz zu dem, was noch bis vor kurzem als Massen – Präventivmedizin verstanden wurde. Ein Beispiel dafür wäre der großflächige Einsatz von Impfstoffen.

## HLA – assoziierte Erkrankungen

Ab den Jahren 1970 – 75 wurde entdeckt, dass in den meisten medizinischen Bereichen eine Assoziation zwischen vielen Krankheiten und dem HLA – Gewebetypisierungssytem besteht (siehe Tabelle I). Gelegentlich ist diese Assoziation spektakulär, wie im Falle von Spondylitis ankylosans, einer chronischen Entzündung der Wirbelsäule, die mit der B27 – Variante des HLA – B Gens assoziiert ist. Männer mit diesem Marker tragen ein 600 mal größeres Risiko, diese Krankheit zu entwickeln, als die, die diesen Marker nicht besitzen. Rheumatologen verwenden diesen Test schon seit Jahren zur Unterstützung ihrer Diagnose und Therapie, wie auch zur Ermittlung von Risikokindern in den betroffenen Familien.

Zwei andere Krankheiten zeigen eine auffällige Verbindung zu den HLA–Genen: bei der ersten handelt es sich um eine schwere Chorioretinopathie (eine Augenkrankheit), auch als "Birdshot" bezeichnet (assoziiert mit HLA–A29), bei der zweiten um die Schlafstörung Narkolepsie (assoziiert mit HLA–DR2).

Zahlreiche Assoziationen finden sich bei den Autoimmunerkrankungen [3], die verschiedene Organe angreifen, z.B. den Pankreas (juveniler Diabetes), die Nebennieren (Myasthenie), das Nervensystem (Multiple Sklerose), die Haut (Pemphigus) oder die Gelenke (Polyarthritis). Hier ist die Korrelation mit Varianten der HLA–DR oder DQ–Gene oft nur gering.

*Tabelle I*

Das heißt, diese Gene sind nicht die einzigen Schuldigen, vielmehr wird die Krankheit durch das unglückliche Vorhandensein einer ganzen Anzahl von prädisponierenden Genen innerhalb des ganzen Genoms ausgelöst, von denen der wichtigste und größte Anteil im HLA–System sitzt.

Außer diesen prädisponierenden Genen gibt es auch noch Schutzgene, die Resistenz gegenüber einer bestimmten Krankheit verleihen; zwei typische Beispiele sind HLA–DR2 (juveniler Diabetes) und HLA–B53 (Malaria).

Die Entdeckung von etwa 50 Krankheiten, die mit dem HLA–System assoziiert sind, das nur ein Tausendstel des menschlichen genetischen Erbes darstellt, ließ den Schluss zu, dass auf den restlichen 999 Tausendsteln des Genoms noch viele andere prädisponierende oder schützende Gene gefunden werden würden. Aber um diesen Schritt zu machen, mussten wir zunächst noch viel mehr über das Genom lernen. Das Centre d'Etude du Polymorphisme Humain (CEPH), ein Studienzentrum für humanen Polymorphismus [4], das ich im Jahre 1984 gegründet habe, leistete auf diesem Gebiet Pionierarbeit1 [5]. Dank einer großzügigen Schenkung eines wichtigen Konsortiums für moderne Kunst, lange vor dem Beginn des Humangenom–Projektes, war das Zentrum erfolgreich in der Erstellung der ersten genauen genetischen Landkarte und der ersten physischen Karte des Humangenoms.

Auf der Grundlage dieser neuen Daten begannen Forscherteams auf der ganzen Welt mit der Identifizierung und Isolierung verschiedener Gene, die für eine Reihe von Erkrankungen verantwortlich sind (ob manifest erblich oder nicht). Dadurch eröffneten sich Wege zu neuen Therapien. Aber zusätzlich zur Schaffung dieser speziellen Therapien hat die Kenntnis der Gene, denen eine

---

[3] *Autoimmunerkrankung:* eine Erkrankung, bei welcher der Körper Antikörper gegen eigene Körpergewebe bildet

[4] *Polymorphismus:* Unterschiede in der DNA–Sequenz zwischen einzelnen Individuen

[5] http://www.cephb.fr

**Risikofaktor höher als 10**

| *Krankheiten* | *Assoziierte HLA marker Genvarianten* | *Relatives Risiko* |
|---|---|---|
| Immunohämatologie<br>- IgA Mangel<br>- alloimune Purpura | <br>B8, DR3<br>DR3 | <br>37<br>72 |
| Rheumatologie<br>- Spondylitis ankylosans<br>- Reiter – Krankheit<br>- akute Arthritis | <br>B27<br>B27<br>B27 | <br>88<br>37<br>38 |
| Nephrologie<br>- Goodpasture – Syndrom<br>- Extramembranöse | <br>DR2 | <br>16 |
| Glomerulonephritis | DR3 | 12 |
| Ophthalmologie<br>- anteriore Uveitis<br>- Chorioretinopathie (Birdshot) | <br>B27<br>A29 | <br>10<br>50 |
| Endokrinologie | | |
| Autoimmunität<br>- 21 – OH – Mangel<br>- angeborene Form<br>- Spätform<br>- Typ 1 Diabetes<br>- Myasthenie<br>- Quervain – Krankheit<br>- Sjögren – Syndrom | <br>B47<br>B14<br>DR3/DR4<br>DQA/DQB<br>DQA<br>B35<br>D3 | <br>16<br>40<br>32<br><br>12<br>14<br>10 |
| Verdauungssystem<br>- Hämochromatose (HFE)<br>- Zöliakie | <br>Mutation C282y/C282y<br>DQA/DQB | <br>344<br>17 |
| Neurologie<br>- Narkolepsie | <br>DQB1*0602 | <br>483 |
| Katalepsie | | |
| Dermatologie<br>- Psoriasis<br>- Pemphigus<br>- Dermatitis herpetiformis | <br>Cw6<br>DR4<br>DR3 | <br>13<br>14<br>15 |

Prädisposition zuzuschreiben ist, bei der Entwicklung eines neuen Medizinzweiges geholfen, der sich prädiktive Medizin nennt und sich nicht länger auf das HLA – System beschränkt.

Jetzt, da praktisch das ganze Genom sequenziert ist, vergeht keine Woche, in der keine neuen pathologischen Gene entdeckt werden, seien es normale, an der Krankheit beteiligte Gene, oder Mutationen, welche die Krankheitsentwicklung auslösen.

Die prädiktive Medizin leistet wertvolle Dienste, da sie die Möglichkeit eines späteren Ausbruches einer Krankheit erkennt, und zwar aufgrund einer pathologischen Mutation eines einzigen Gens, das nur von einem Elternteil vererbt wurde (so genannte dominante monogene Störungen), wie zum Beispiel das Glaukom oder Huntington Chorea. Im Falle des Glaukoms, einer schweren Augenerkrankung, die den Sehnerv schädigt, ist eine frühe medizinische oder chirurgische Behandlung effektiv. Bei Huntington Chorea, früher als Veitstanz bezeichnet, die beim Erwachsenen zu progressiver Demenz mit tödlichem Ausgang führt, kann durch einen Gentest das Nichtvorhandensein des fehlerhaften Gens bestimmt werden, so dass nicht befürchtet werden muss, die Krankheit an die Nachkommen weiter zu vererben. Bis das Ergebnis bekannt ist, muss der Betroffene psychologisch betreut werden, um ihn auf ein möglicherweise positives Testergebnis vorzubereiten.

Der Fall der Mukoviszidose (zystische Fibrose), eine Erkrankung, welche die Beschaffenheit des Schleims, hauptsächlich in den Bronchien und im Verdauungstrakt beeinflusst, ist besonders informativ. Das verantwortliche Gen kommt bei der europäischen Bevölkerung häufig vor, die Träger bleiben jedoch gesund. Die Krankheit kommt nur zum Ausbruch, wenn das Kind das selbe fehlerhafte Gen von Vater und Mutter geerbt hat (rezessive monogene Störung).[6] In Frankreich wurde glücklicherweise vor kurzem entschieden, alle Neugeborenen systematisch einem entsprechenden Test zu unterziehen, damit die palliative Therapie der Betroffenen sofort begonnen werden kann.

Die Situation ist anders bei Krankheiten, die nur bei den Individuen vorkommen, die unglücklicherweise einen Satz von Genen besitzen, deren gleichzeitiges Vorhandensein im Genom eine Empfänglichkeit gegenüber bestimmten äußeren Faktoren schafft (polygene und multifaktorielle Erkrankungen). Diese Krankheiten verursachen viel Leid in den Industrienationen: Diabetes

---

[6] *Rezessive Störungen:* Erbkrankheiten, die nur dann zum Ausbruch kommen, wenn der selbe genetische Defekt von Vater und Mutter weitergegeben wird, im Gegensatz zu *dominanten genetischen Störungen*, die von nur einem Elternteil weitergegeben werden.

(5 % der Weltbevölkerung), Herz – Kreislauf – Erkrankungen, Störungen des Fettstoffwechsels (Cholesterin), und höchstwahrscheinlich viele Krebsarten.

Beim juvenilen Diabetes (Typ 1), eine sehr häufige Form der Erkrankung, die sehr schwere Folgeschäden verursachen kann, wäre es zu empfehlen, wie im Falle der Mukoviszidose vorzugehen und alle Neugeborenen auf die schädliche Genkombination HLA – DR4 – DR3 zu testen, so dass die Betroffenen von Geburt an betreut werden können.

Die Rolle zweier Mutationen des Angiotensinogen – Gens bei Hypertonie ist wohl bekannt (Gen auf Chromosom 1q42, beteiligt an der Regulierung des Blutdrucks).

Die von beiden Eltern übertragene (Homozygotie [7]) Deletion (Löschung) des Gens für das Enzym der Angiotensinkonversion auf Chromosom 17q23 schafft eine Prädisposition für Myokardinfarkt [8] wogegen bei Homozygotie des Apolipoprotein [9] B – Gens auf Chromosom 2p24 eine schützende Wirkung beobachtet wurde.

Eine E4,– Variante oder Allel des Apolipoprotein – E Gens führt zu einer viel stärkeren Prädisposition für Hyperlipidämie (ein zu hoher Lipidspiegel im Blut) und zu Arteriosklerose. Hier führt die Homozygotie zu einer Akkumulation von "schlechtem" Cholesterin und so zu einer Verhärtung der Arterienwand. Während das homozygote E2,– Allel gegen diese Erkrankung Schutz bietet, führt eine homozygote Deletion des Apolipoprotein B,– Gens zu einem hohen Cholesterinspiegel.

Diese wenigen prädiktiven Assoziationen sind nur die Vorhut vieler weiterer. Als Beispiel seien die Gene genannt, welche die Empfänglichkeit für die entzündliche Darmerkrankung oder für Hämochromatose, eine Anreicherung von Eisen im Körper, erhöhen, und die zahlreichen Gene, welche die Prädisposition für die drei bekannten Formen der Kardiomyopathie beeinflussen.

Von der pharmazeutischen Industrie kann erwartet werden, dass sie sich davon inspirieren lässt und diese neuen, noch unermesslichen Profitquellen ausbeutet. Zunächst mit der Herstellung eigener Diagnostika und schließlich – und um der Betroffenen willen möglichst bald – durch die Entwicklung einer Therapie.

Dieser Ansatz mag im Falle sporadischer Krebsarten noch vielversprechender sein, wo sich die genetischen Rätsel erst langsam enthüllen. Es ist

---

[7] *Homozygotie:* Vorhandensein identischer Allele am selben Punkt auf einem Chromosomenpaar.

[8] *Myokardinfarkt:* Herzinfarkt.

[9] *Apolipoprotein:* Protein im Blut, das Lipide enthält und transportiert

bekannt, dass diese Krebsformen auf die Akkumulation einer Veränderung zuerst auf einem, dann auf mehreren Chromosomen in bestimmten Zellen zurückgehen. Bis jetzt haben nur die genetisch bestimmten Krebsformen von der prädiktiven Medizin profitiert.

So erfordert die erbliche Form des Schilddrüsenkarzinoms die Ablation der Schilddrüse bei Trägern des schädlichen Gens. Aber dies geschieht erst nach der Durchführung von Tests und Identifizierung der kanzerösen Zellen.

Das RB1,– Gen ist besonders wichtig beim Retinoblastom, einer Form des Augenkrebses, der sich nur dann entwickelt, wenn beide RB,– Gene auf Chromosom 13q14 mutiert oder gelöscht sind. Daher ist es erforderlich, heterozygote [10] Genome in Risikofamilien nachzuweisen.

Wir alle wissen, dass das Kolonkarzinom sehr viele Opfer fordert, besonders bei Männern. Momentan sind Gene, die für diese Krebsform empfänglich machen, nur in familiären Krebsformen nachgewiesen worden. Das nicht polypöse Kolonkarzinom ist verantwortlich für 4 – 13 % aller Dickdarmkrebse; der Schuldige ist ein Gen auf Chromosom 2. Das polypöse [11] Kolonkarzinom ist nur für 1 % der hereditären Formen des Dickdarmkrebses verantwortlich. Die Erkrankung geht teilweise auf das APC,– Gen auf Chromosom 5Q21 zurück. Letztlich ist das familiäre Dickdarmkrebs – Syndrom auf ein mangelhaft vorhandenes DNA,– Reparaturgen zurückzuführen.

Die Entdeckung des BCRA1,– Gens auf Chromosom 17q, verantwortlich für 40 % aller hereditären Formen von Brustkrebs, und häufig begleitet vom Ovarialkarzinom, stellte einen spektakulären Durchbruch dar. Ein anderes Gen, BCRA2 auf Chromosom 13, ist verantwortlich für andere Formen von hereditärem Brustkrebs (auch etwa 40 %), der auch Männer betreffen kann. Gerade wurde ein Schutzgen im HLA,– System beschrieben. Die Bedeutung dieser Entdeckungen ist wohl bekannt: Sie gestatten es zum Beispiel, die für junge Frauen gelegentlich empfohlene zweifache Mastektomie zu vermeiden.

Aber die richtige Suche hat erst begonnen: Empfänglichkeitsgene sind gerade erst entdeckt worden für Prostatakrebs und das Melanom (ein Hauttumor).

Während wir auf die Geschwindigkeit stolz sein können, mit der alle diese Gene isoliert oder geklont werden konnten, überrascht es doch, dass noch so wenige präventive Therapien zur Verfügung stehen, denn das ist ja schließlich das Ziel der prädiktiven Medizin.

---

[10] *Heterozygot*: Bezeichnung für Genome, auf denen eine Mutation nur auf einem Chromosom des gleichen Paars vorhanden ist.

[11] *Polyp:* kleine, knospenartige Masse kranker Zellen, die im Körperwachsen und normalerweise gutartig sind

Wir können natürlich die Vorsorgeuntersuchungen, besonders für frühe Krebsanzeichen, intensivieren, gesundheitsfördernde Maßnahmen ergreifen, besonders durch diätetische Empfehlungen oder durch Warnungen vor bestimmten Belastungen am Arbeitsplatz, aber wir befinden uns immer noch in einem frühen Stadium der prädiktiven Medizin, die in den kommenden Jahren immer effektiver werden sollte. Zur Abwendung von Gefahren müssen jedoch im großen Maßstab administrative wie auch psychologische Vorkehrungen getroffen werden, da die auf Wahrscheinlichkeit beruhende prädiktive Medizin viele sensible Themen aufwirft. Dies geschieht auf den folgenden drei Ebenen:

## Prädiktive Medizin auf der Ebene des Individuums

Die Autonomie des Individuums, das heißt seine Entscheidungsfreiheit, muss respektiert werden. Zur Analyse einer individuellen DNA muss eine Erlaubnis des/der Betroffenen, meist in schriftlicher Form, vorliegen. Diese kann restriktiv sein und nur die Genehmigung eines bestimmten, genau definierten Tests enthalten, oder sie gestattet weiterführende oder sogar vollständige Untersuchungen. Es muss sichergestellt sein, dass die betroffene Person eine möglichst umfassende Kenntnis darüber hat, was solch eine Untersuchung beinhalten kann. Es genügt also nicht, einfach nur zu informieren; eine nicht restriktive, nicht direktive Erklärung muss gegeben werden, die so eindeutig und vollständig wie möglich ist, und sie muss so verständlich abgefasst sein, dass sie dem Bildungsstand und der Intelligenz des Betroffenen entspricht. Es versteht sich von selbst, dass das betroffene Individuum geschäftsfähig sein muss, andernfalls müssen die Eltern oder der Vormund diese Erklärung abgeben.

## Prädiktive Medizin und das Individuum innerhalb der Familie und der sozialen Umgebung

In vielen Fällen und häufig bei einer rezessiv – hereditären Erkrankung (von beiden Elternteilen weitergegeben), muss die ganze Familie dann genetisch untersucht werden, wenn das Gen, wie noch oft der Fall, nicht geklont, das heißt isoliert und sequenziert ist. In diesem Fall kann es in dem getesteten Individuum nur auf indirektem Wege identifiziert werden. Dies geschieht durch einen Vergleich mit gesunden oder kranken Mitgliedern der selben Familie (indirekte Testung). Dies zeigt, wie wichtig die Einholung der Erlaubnis der Familienmitglieder ist. Es ist auch verständlich, dass die einzelnen Familienmitglieder unterschiedlich darauf reagieren, oder dass es bei Bekanntgabe der Ergebnisse zu großen familiären Problemen kommen kann (Scheidung, Erbfragen, usw.). Die betroffene Person muss deshalb beim Gespräch mit den Familienmitgliedern große Sorgfalt walten lassen und sie über ihr Recht, "nicht zu wissen", und die Regel der absoluten Schweigepflicht informieren. Unter solchen Umständen muss der genetische Berater großes Einfühlungsvermögen zeigen.

Bei schon erfolgter oder gerade durchgeführter Klonierung des krank machenden Gens ist eine Untersuchung der restlichen Familienmitglieder nicht so wichtig, denn das Gen kann direkt beim betroffenen Individuum identifiziert werden. Dies bezeichnet man als direkte Testung.

Die Vorsichtsmaßnahmen gegenüber der Gesellschaft als ganzer sind nicht weniger wichtig. Die Schweigepflicht muss sehr streng gehandhabt werden. Eine Ausnahme bildet der Hausarzt, der informiert werden muss, aber durch seine eigene Schweigepflicht gebunden ist, wie auch in diesem Fall der Genetiker. Die Ergebnisse der Testung können nur mit der ausdrücklichen Genehmigung des/der Betroffenen zur wissenschaftlichen Forschung genutzt werden, und auch dann nur unter einer Codenummer, die den Namen des DNA – Spenders nicht preisgibt.

Es gab schon beträchtliche Diskussionen über die negative Verwendung, die ein Arbeitgeber eventuell von dieser Information machen könnte, zum Beispiel bei Neueinstellungen oder sogar Entlassungen. Auf der anderen Seite könnte die gleiche Information einem Arbeitgeber dabei helfen, für den Mitarbeiter einen Arbeitsplatz zu finden, der mit dessen Empfänglichkeit für die schädliche Wirkung einer bestimmten toxischen Substanz (Benzin, Asbest, usw. ) kompatibel ist.

Vor allem aber muss die Gesellschaft in die Lage versetzt werden, Vorkehrungen zur Verhütung eines tödlichen Unfalls zu treffen, z.B. wenn bei einem Piloten eine nachgewiesene Prädisposition für einen Herzinfarkt besteht. Unter solchen Umständen wäre die Aufhebung der Schweigepflicht wohl angemessen.

Ein anderes, viel diskutiertes Thema ist das der Versicherung. Man muss nicht noch betonen, dass das Risiko besteht, dass sich nach einem ungünstig ausgefallenen genetischen Test die Versicherungsprämie erhöht. Man könnte deswegen argumentieren, dass diese Tests dem Versicherer gar nicht mitgeteilt werden sollten, auch nicht auf Anfrage. Wir erkennen aber keinen offensichtlichen Unterschied zwischen der vom Versicherer verlangten so genannten "biologischen Information" und den genetischen Tests. Außerdem greifen die Versicherer bei der Festlegung von Prämien auch Merkmale wie Fettleibigkeit auf, die sehr oft genetischen Ursprungs ist. Es führt kein einfacher Weg aus diesem Dilemma, es sei denn man greift auf die drastische Lösung zurück, nämlich die Versicherungsprämien nur nach dem Lebensalter auszurichten. Das klingt vielleicht vollständig unrealistisch, aber es wäre ein Akt der Solidarität der gesunden gegenüber den weniger gesunden Mitgliedern der Gesellschaft.

## Prädiktive Medizin auf der Ebene der ganzen Menschheit

Es wird gelegentlich argumentiert, dass die prädiktive Medizin im Endeffekt das genetische Gleichgewicht einer Gesellschaft gefährde. Zugegebenermaßen wird es dadurch mehr gesunden Heterozygoten (Träger eines defekten Gens) möglich sein, Kinder zu haben. Dadurch erhöht sich die Häufigkeit des Gens in der Gesamtbevölkerung und auch das Risiko einer Ehe zwischen zwei heterozygoten Partnern mit dem selben Gendefekt. Die Kinder aus solchen Verbindungen wären zu einem Viertel homozygot, d.h. krank, und somit eine Last für die Gesellschaft. Aber diese neue "genetische Last" wäre wahrscheinlich relativ leicht.

Da die prädiktive Medizin in den meisten Fällen polygene und multifaktorielle Krankheiten betrifft, zielt sie normalerweise auf Erwachsene ab, die in den meisten Fällen schon Kinder haben, so dass die Wirkung auf den Genpool der Bevölkerung relativ gering sein wird. Wir sollten nicht vergessen, dass ein Gen als solches weder gut noch schlecht ist.

Wir befinden uns im Frühstadium der prädiktiven Medizin, die offensichtlich immer noch mit zahlreichen Hindernissen und Einschränkungen konfrontiert ist. Sie basiert nur auf Wahrscheinlichkeiten, die oft schwierig zu quantifizieren sind, besonders bei polygenen Krankheiten, und sogar in monogenen Krankheiten unterschiedlicher Penetranz. Zudem gibt es sehr oft weder eine präventive noch eine kurative Therapie. Gibt es sie doch, dann ist sie vielleicht nur teilweise wirksam, oder hat unerwünschte Nebenwirkungen, wenn anscheinend gesunde Individuen behandelt werden. Und letztendlich sind die Kosten für den Test gegenwärtig noch unerschwinglich hoch.

Die französische Akademie der Medizin sprach kürzlich eine wichtige Empfehlung aus, die das Ziel hatte, vorzeitige oder unangemessene prädiktive Tests zu vermeiden. Die Kommissionen sollten sich aus Genetikern und

Spezialisten aller wichtigen medizinischen Disziplinen zusammensetzen (zum Beispiel aus dem Bereich der kardiovaskulären, neurologischen und onkologischen Erkrankungen), um über die Implementierung eines bestimmten prädiktiven Tests für eine bestimmte Krankheit zu entscheiden, oder zur Diskussion ethischer Fragen.

Trotz dieser Hindernisse und Einschränkungen, von denen manche nur temporär sind, wird sich die prädiktive Medizin, dank des spektakulären Fortschritts in Humangenetik, allmählich auf alle Gebiete der Krankheitslehre ausweiten.

## Welche Auswirkungen wird die prädiktive Medizin auf die tägliche medizinische Praxis haben?

Mit der Zeit verändert die prädiktive Medizin sicherlich den medizinischen Alltag. Im 21. Jahrhundert werden sich die Ärzte allmählich zu medizinischen Beratern wandeln. Sie helfen ihren gesunden "Patienten", gesund zu bleiben und ihr "Gesundheitskonto" auf Dauer gut zu "managen", ganz nach dem Vorbild eines Vermögensberaters. Diese sorgfältige Überwachung sollte es ermöglichen, bis zum Jahre 2050 wenigstens in den reichsten Ländern einen uralten Traum der Menschheit zu realisieren, nämlich einen Zustand zu erreichen, der ein langes Leben ohne körperliches oder seelisches Leiden bedeutet, um dann mit 100 oder 120 Jahren sanft eines natürlichen Todes zu sterben. Zum Schluss lassen Sie uns noch die schönen Worte von Maurice Tubiana über prädiktive Medizin zitieren: "[Sie] gibt Ärzten eine neue Verpflichtung: diejenigen zu erziehen, die gesund sind... ... ... .... Gesundheit ist kein Geschenk, sie muss erobert werden; letztendlich ist sie eine Verpflichtung gegenüber uns selbst .... und gegenüber anderen."

## Literatur

Dausset J., "Correlation between histocompatibility antigenes and susceptibility to illness", in *Progress of clinical immunology*, R.S. Schwartz, bei Grund & Stratton, 1972, I, S. 183–210

Feder J.N., Gnirke A., Thomas W. et al. "A novel MHC class I–like gene is mutated in patients with hereditary haemochromatosis." *Nature Genetics*, 1996, 13, S. 399–408

Fernandez – Arquero M., Figueredo M.A., Maluenda C., De la Concha E.G. "HLA – linked genes acting as additive susceptibility factors in celiac disease." *Hum. Immunol.*, 1995, 42, S. 295 – 300.

Gerbase – Delima M., Pinto L.C., Grumach A., Carneiro – Sampaio M.M.S. "HLA antigens and

Marcadet, A., Gebuher L., Betuel H., Seignalet J., Freidel A.C., Confavreux C., Billiard M., Dausset J., Cohen. "DNA polymorphism related to HLA – DR2 Dw2 in patients with narcolepsy." *Immunogenetics*, 1985, 22, S. 679 – 683

Merryweather – Clarke A.T., Pointon J.J., Shearman J.D., Robson K.J.H. "Global prevalence of haplotypes in IgA – deficient Brazilian paediatric patients." *Eur. J. Immunogenet.*, 1998, S. 281 – 285.

Khalil. I. Deschamps I., Lepage V., Al – Daccak R., Degos L., Hors J. "Dose effect of Cis – and trans – encoded HLA – DQ$\alpha\beta$ heterodimers in IDDM susceptibility." *Diabetes*, 1992, 41, S. 378 – 384

Khalil I., Berrih – Aknin S., Lepage V., Loste M.N., Gajdos P., Hors J., Charron D., Degos L. "Trans – encoded DQ$\alpha\beta$ heterodimers confer susceptibility to myasthenia gravis disease." *Life Sciences,* 1993, 316, S. 652 – 660

Lechler, R., Warreus A. *HLA in health and disease*. Second Edition, Academic Press, 1999putative haemochromatosis mutations." *J. Med. Genet.*, 1997, 34, S. 275 – 278

# Gentherapie

Prof. Robert Manaranche

*Das menschliche Genom liegt der grundlegenden Einheit aller Mitglieder der menschlichen Gesellschaft zugrunde sowie der Anerkennung der ihnen innewohnenden Würde und Vielfalt. In einem symbolischen Sinne ist es das Erbe der Menschheit.*
Artikel 1 der Allgemeinen Erklärung der UNESCO über das menschliche Genom und die Menschenwürde (1997)

Die Sequenzierung des Humangenoms, die in Kürze abgeschlossen sein wird, eröffnet zahlreiche neue wissenschaftliche Ansatzmöglichkeiten, von denen die Gentherapie wohl die bekannteste ist. Die bereits jetzt oder in naher Zukunft entschlüsselten Genome zahlreicher pathogener Organismen (pathogen = krankheitserregend) eröffnen ebenfalls viele neue Wege zur Bekämpfung infektiöser Erkrankungen. In diesem Kapitel befassen wir uns nur mit den Auswirkungen oder Implikationen, welche die Entschlüsselung des Humangenoms auf die Therapie genetischer sowie erworbener Erkrankungen hat.

## Arzneimitteltherapien

Die Informationen, die aus der Sequenzierung des Humangenoms resultieren, bieten vielfältige Einsatzmöglichkeiten für die Pharmakologie. Durch rekombinante, d.h. mit Hilfe der Gentechnologie erzeugte Proteine lassen sich in Zukunft die Risiken vermeiden, die bei der Verwendung von Proteinen tierischen oder menschlichen Ursprungs bestehen. Die wohl bekanntesten Beispiele für derartige Gefahren sind die Prionen [1], die mit BSE und der Übertragung von AIDS durch kontaminiertes Blut in Verbindung gebracht werden. Des Weiteren führen die neuen Technologien in der Chemie zweifellos zur Entdeckung weiterer Moleküle, die gegen solche Proteine wirksam sind, die im Zuge der Weiterentwicklung der Genetik entdeckt werden, und die im Falle einer Mutation zahlreiche Krankheiten verursachen können. In der vorliegenden Publikation beschäftigt sich das Kapitel über das Humangenom und seinen Bezug zur Industrie genauer mit dem Beitrag, den die Genetik zur Arzneimitteltherapie leisten kann.

Im weiteren Sinn der Wortbedeutung nimmt die Gentherapie einen ganz beträchtlichen Teil des Beitrages ein, den die Genetik zur Behandlung vieler Krankheiten leisten wird, und zwar nicht nur bei genetisch bestimmten, sondern auch bei erworbenen Erkrankungen, wie zum Beispiel bei Krebs oder schweren Infektionskrankheiten.

## Gentherapie

Die Veränderung der genetischen Struktur des Menschen zur Erzielung einer Heilwirkung hat sich als weitaus schwieriger erwiesen, als man es sich zu Beginn dieses aufregenden Unternehmens hätte vorstellen können (Kahn 2000). Heute haben wir eine klarere Vorstellung von den mit dieser Aufgabe verbundenen Schwierigkeiten, und zu ihrer Überwindung sind schon bedeutende Fortschritte erzielt worden. Es gibt heute andere Möglichkeiten als einen simplen Transfer gesunder Gene in kranke Zellen. Ganz allgemein ausgedrückt sind wir Zeugen der Entwicklung einer neuen Form der Medizin, die in der Lage sein wird, die Situation von Menschen zu verbessern, die an schweren und nicht notwendigerweise hereditären Krankheiten leiden. Und in manchen Fällen wird diese neue Medizin sogar eine Heilung herbeiführen können.

## Das Konzept der Gentherapie und seine Anwendungsmöglichkeiten

Versuche haben gezeigt, dass fremdes genetisches Material in eine Zelle transferiert werden kann. Dies wurde zuerst vor etwa 50 Jahren an Bakterien demonstriert. Und in der Tat, wenn ein Spermatozoon während der Befruchtung

---

[1] *Prion:*
Infektiöses Partikel ohne Nukleinsäuren. Ein Prion besteht nur aus einem hydrophoben Protein und gilt als kleinstes infektiöses Partikel.

seine DNA in der Eizelle deponiert, so führt diese Samenzelle den komplexesten Gentransfer aus, den wir uns überhaupt vorstellen können.

Die ersten Experimente, die das Ziel hatten, ein Gen in einem Säugetier (einer Maus) zu eliminieren, wurden in den frühen achtziger Jahren des vergangenen Jahrhunderts durchgeführt. Heutzutage ist die Genmodifizierung einer sich entwickelnden Eizelle einer Labormaus eine vergleichsweise alltägliche Laborpraxis. Wir wissen mittlerweile, wie ein Mausgen zu eliminieren ist, und wie dadurch eine "knock – out – Maus" entsteht, und können andererseits durch Einführung eines neuen Gens eine "knock – in – Maus" erzeugen. Diese transgenen [2] Tiere sind extrem wertvoll zur Erforschung bestimmter genetischer Erkrankungen und zur Entwicklung von Therapiestrategien.

Der erste Versuch zur Modifizierung des Humangenoms zu Therapiezwecken datiert zurück ins Jahr 1988 und wurde in den USA durchgeführt. Es handelt sich um Steven Rosenbergs Versuch, eine fortgeschrittene Krebserkrankung zu behandeln. Im Jahre 1990 führte das Labor von F. Anderson und M. Blaese, ebenfalls in den USA, das erste Experiment durch, bei dem mittels Gentherapie eine genetische Erkrankung behandelt werden sollte, und zwar bei Kindern, die an einer schweren Immunschwäche litten. Die Beurteilung der Ergebnisse dieser beiden Experimente ist immer noch sehr schwierig. Im ersten Fall, wie auch in allen folgenden Fällen der Krebsforschung, ist es bei Patienten in einem fortgeschrittenen Krebsstadium praktisch unmöglich, mit irgendeiner Sicherheit zu sagen, ob die Behandlung überhaupt einen Unterschied gemacht hat, und was geschehen wäre, wenn diese Behandlung nicht durchgeführt worden wäre. Das zweite Experiment war auf die Korrektur einer durch ein Enzym (Adenosindeaminase – ADA) verursachten Immunschwäche angelegt. Die Kinder erhielten als Vorsichtsmaßnahme auch noch die Enzymbehandlung.

An diesen anfänglichen Experimenten können wir sehen, wie sich die Versuche einer Gentherapie auf zwei ganz unterschiedliche Krankheitskategorien richteten: Krebserkrankungen und monogene Erkrankungen (verursacht durch die Mutation eines einzigen Gens). Um das Tumorwachstum zum Stillstand zu bringen, ist es erforderlich, Zellen zu zerstören oder mindestens ihr Wachstum zu stoppen. Zur Behandlung einer genetischen Erkrankung ist die Wiederherstellung der korrekten Funktion einer erkrankten Zelle notwendig. Die zu überwindenden Schwierigkeiten sind keinesfalls gleich; wie auf vielen anderen Gebieten ist auch hier die Zerstörung einfacher als der Aufbau. Es überrascht

2 *Transgenes Tier*: Tier mit genetisch modifiziertem Genom

deswegen nicht, dass die große Mehrheit der klinischen Versuche mit Gentherapien sich auf die verschiedenen Krebsformen konzentrieren. Dazu kommt die große Erfahrung der Krebsforscher auf dem Gebiet der klinischen Studien und das Interesse der pharmazeutischen Industrie an Krankheiten, die eine große Anzahl an Patienten betreffen.

In den letzten zehn Jahren gab es zahlreiche Versuche im Bereich der humanen Gentherapie. Nach der einzigen diesbezüglichen internationalen Statistik, die regelmäßig von Wiley & Sons publiziert und aktualisiert wird, gab es bis zum 25. Mai 2000 insgesamt 425 Studien zur Gentherapie an insgesamt 3 476 Patienten. Davon betrafen 279 Studien (65 %) verschiedene Krebsformen. Nur 55 Studien (13 %) beschäftigten sich mit monogenen Erkrankungen. Die restlichen 33 Studien betrafen Patienten mit Infektionskrankheiten, hauptsächlich AIDS.

Den größten Anteil der monogenen Erkrankungen, die in den Studien behandelt wurden, stellten Mukoviszidose, schwere X – chromosomale Immunschwächen (siehe Seite 78), Hämophilie B (eine Bluterkrankheit), chronische Granulomatose (wobei ein Enzymmangel die Eliminierung bakterieller und mikroskopischer Pilzinfektionen durch Leukozyten verhindert), familiäre Hypercholesterinämie, Duchenne – Muskeldystrophie (eine fortschreitende Muskelerkrankung) und die Fanconi – Anämie (eine sehr schwere Form der Anämie). Studien wurden auch über verschiedene Enzymmangelstörungen durchgeführt: Genannt seien die Hunter – Krankheit, das Hurler – Syndrom, beide charakterisiert durch Skelettveränderungen und geistige Retardierung, Ornithintranscarbamylase – Mangel, eine Lebererkrankung, die zur Hyperammonämie führt, die Canavan – Krankheit, bei der es zu schwerer psychomotorischer Retardierung kommt, sowie die Gaucher – Krankheit, die sich durch Anämie und neurologische Störungen äußert.

Es ist nicht sicher, ob so viele Studien überhaupt berechtigt sind. Natürlich werfen Studien, die nur unter denselben Bedingungen etwas wiederholen, das sich als unwirksam erwiesen hat, Zweifel auf, zumindest über ihre Notwendigkeit. Eine Anzahl der Studien wurde im Zusammenhang mit Firmen durchgeführt, die an der Börse gehandelt werden, und die von Anfang an auf die Veröffentlichung von Erfolgsmeldungen in der Presse aus waren. Dementsprechend könnte man den Nutzen einiger dieser Studien zu Recht in Frage stellen.

Deshalb ist eine Überwachung durch unabhängige öffentliche Organe unabdingbar, wenn Studien an Menschen mit minimalem Risiko ausgeführt werden sollen. Studienzwischenfälle (einschließlich eines tödlichen) wurden aus den USA berichtet und eine strengere Kontrolle dieser klinischen Studien hat sich als absolut notwendig erwiesen. In den Ländern Europas, in denen solche Versuche möglich sind, wurden strengere Kontrollmechanismen eingeführt, und dies ist auch zweifellos der Grund, warum in den im Jahre 1997 in Europa durchgeführten Studien niemand ernsthaft zu Schaden kam.

Die Forschung der letzten zehn Jahre hat zu einer besseren Eingrenzung des Problems beigetragen und im Jahre 2000 zum ersten eindeutigen Erfolg auf dem Gebiet der Gentherapie geführt. Dies geschah in Europa, und zwar in Frankreich, in der von Professor Fischer am Necker – Hospital geleiteten Abteilung. Dieses äußerst erfolgreiche Experiment wird auf Seite 78 noch genauer beschrieben werden.

## Probleme der Gentherapie

Um bei einem Patienten mit einer genetischen Störung eine langfristige Expression eines normalen Proteins ohne unerwünschte Nebenwirkungen zu erreichen, muss ein Weg gefunden werden, ein normales Gen, welches das fehlende Protein exprimiert, in eine große Anzahl von speziellen Zellen zu verbringen.

Zu diesem Zweck wurden zwei Lösungswege verfolgt: Injektion eines Plasmids [3], eines Fragments gereinigter DNA, die nur von ihren regulatorischen Sequenzen begleitet wird; oder die Verwendung eines Vektors [4], der entweder aus einem Virus oder einer Art chemischer Hülle für die zu implantierende DNA bestehen kann. Es handelt sich hier praktisch um die Verwendung eines trojanischen Pferdes zur Erreichung einer therapeutischen Lösung.

Aber welcher Lösungsweg auch gewählt wird: Man muss erkennen, dass das in den Körper verbrachte Fragment der Fremd – DNA im Körper überleben muss, was einem wahren Hindernislauf gleichkommt. Die DNA ist negativ geladen und wird durch die normalerweise ebenfalls negativ geladenen kompakten Strukturen des extrazellulären Raums [5] abgestoßen. Ein weiteres von der DNA zu überwindendes Hindernis ist das Durchdringen der doppelten Lipid-

---

[3] *Plasmid*: winziges, meist kreisförmiges DNA – Fragment; eingesetzt in rekombinanten DNA – Verfahren zum Transfer genetischen Materials von einer Zelle zur anderen

[4] *Vektor:* Molekül oder Molekülverband, der eine Substanz (z.B. DNA) in eine Zelle transportieren kann

[5] Siehe Seite 138

schicht der Plasmamembran; dies wird oft durch den Prozess der Endozytose [6] erreicht. Sobald sich das DNA – Fragment im Cytosol [7] befindet, muss es den Weg zu einer Kernpore [8] finden. Hat es den Weg bis hierhin geschafft, muss das DNA – Fragment dem zerstörerischen Angriff der Nukleinsäuren standhalten, und letztendlich muss es sich exprimieren können. Das kann nur wirkungsvoll und dauerhaft geschehen, wenn es sich in ein Chromosom der Wirtszelle eingliedern kann.

## Plasmide

Seit 1990 haben zahlreiche Experimente mit Tieren, die hauptsächlich im Labor von J.A. Wolff an der Universität von Wisconsin in Madison (USA) durchgeführt wurden, gezeigt, dass eine intramuskuläre Injektion eines Fragments ringförmiger DNA (Plasmid) die Zellen penetrieren und das Protein, dessen Code es trug, exprimieren konnte. Die dabei zu überwindenden Probleme bestehen unter anderem in der Sicherstellung einer breiten Diffusion über die Injektionsstelle hinaus und in der langfristigen Genexpression [9].

Zur Erleichterung der Plasmid – Diffusion sind eine Reihe von Lösungswegen vorgeschlagen worden. Einer besteht in der Anwendung kurzer elektrischer Entladungen (Pulse) in der Nähe der Injektionsstelle. Dies wird als Elektroporation bezeichnet. Abgesehen davon, dass dieses Verfahren die Diffusion verbessert, hat es den Vorteil, dass es dem Plasmid die Penetration der Zellwand gestattet. Mit der Anwendung dieser Technik bei Labortieren sind sehr ermutigende Ergebnisse erzielt worden; es wurde nicht nur eine Diffusion über mehrere Zentimeter erreicht, sondern die "Transgenese" war über mehrere Monate stabil – in den effektivsten Versuchen bis zu neun Monaten.

Ein anderer möglicher Weg zur Erzielung einer Diffusion, der schon in Tierexperimenten *in vivo* getestet wurde, ist die Verwendung von Substanzen, welche die Passage von Plasmiden durch extrazelluläre Bereiche, die sie am Weiterkommen hindern, erleichtern. Eine oft verwendete Substanz ist Hyaluronidase (ein aus Spermatozoen extrahiertes Enzym, das der männlichen Ge-

---

6 *Endozytose*: Aufnahme von zellfremdem Material durch Einwärtsfaltung eines Teils der Zellmembran

7 *Cytosol*: wasserlösliche Bestandteile des Cytoplasma

8 *Kernpore*: Pore in der Kernhülle, die den Durchtritt bestimmter Moleküle in beide Richtungen erlaubt.

9 *Genexpression*: Prozess, durch den die im Gen enthaltene Information zur Eiweißsynthese verwendet wird

schlechtszelle die Penetration der die Eizelle umgebenden Membran gestattet). Proteine aus der Gruppe der Kollagenasen (Kollagen spaltende Enzyme), wie zum Beispiel Metalloproteinasen, führen zu einer verbesserten Plasmid – Penetration. Diese chemischen Techniken haben zwar die Diffusion verbessert, sind aber mit einer Reihe von Nachteilen behaftet: die Kohäsion der gesunden Zellen kann genauso beeinträchtigt werden wie die der kranken Zellen. Insgesamt kam es bei 16 klinischen Studien mit insgesamt 71 Patienten zum Einsatz von Plasmiden.

Möglich ist der intramuskuläre Einsatz von Plasmiden, oder allgemeiner ausgedrückt, der Einsatz über andere mögliche Gewebe, aber es sind noch weitere Verbesserungen erforderlich, um eine breitere Diffusion und langfristige Expression sicherzustellen. Vorläufige Experimente mit einem Transport über das Blut, zum Beispiel über die Lebervene, zur Transfektion (d.h. einem DNA – Fragment wird die Penetration ermöglicht) von Leberzellen sind schon bei Tieren erfolgreich durchgeführt worden. Die Übertragung dieser Technik auf den Menschen wirft noch ernsthafte Probleme hinsichtlich der Prozesssicherheit auf.

## Vektoren

Zum Verbringen von Fremd – DNA mit stabiler Expression in einen Organismus zur Erzielung eines therapeutischen Effekts wird in den meisten Fällen ein "Päckchen" dieses DNA – Fragments in einen Vektor eingesetzt. Dies kann entweder ein Virus oder auch ein künstlicher Vektor sein, eine chemische Verbindung meist auf der Grundlage eines Lipids. Die Probleme der Vektoren bilden den Kernpunkt der Schwierigkeiten, die zur Sicherstellung einer effektiven Gentherapie überwunden werden müssen. Hieraus hat sich praktisch eine neue Wissenschaft entwickelt, die Vektorologie, mit der sich zahlreiche Labore auf der ganzen Welt beschäftigen. In Frankreich ist dies das Généthon Labor, gegründet von der französischen Gesellschaft zur Bekämpfung von Muskelkrankheiten (Association Française contre les Myopathies), die von der Téléthon – Kampagne mitfinanziert wird. In diesem Labor genießt die Vektorologie höchste Priorität, und in Zusammenarbeit mit einem Netzwerk von Laboren werden von hier aus die europäischen Forscherteams mit Vektoren versorgt, die den für klinische Studien erforderlichen Qualitätskriterien entsprechen, die aber nur für präklinische Versuche vorgesehen sind.

Verschiedene Bedingungen – die schon eine echte technische Spezifikation darstellen – müssen erfüllt werden, damit diese Vektoren in der Gentherapie eingesetzt werden können. Sie müssen vollständig harmlos sein, genügend Raum für das Transgen (Fremdgen, das in das Zellgenom inkorporiert werden soll) bieten und dürfen keinesfalls immunogen sein, das heißt, sie dürfen keinerlei Immunreaktion auslösen. Sie müssen eine langfristige Transgen – Expression sicherstellen und dürfen letztendlich nur die Zellen ansteuern, die korrigiert werden sollen. Schließlich müssen die Vektoren in großer Anzahl unter den strengsten Sicherheitsbestimmungen, die für alle Versuche für Menschen unabdingbar sind, hergestellt werden.

## Viren als Vektoren

Viren sind natürliche Vektoren. Im Laufe der Evolution haben sie die Fähigkeit erworben, in Zellen einzudringen, außerhalb derer sie nicht überlebensfähig sind. In der Gentherapie werden verschiedene Arten von Viren verwendet.

*Retroviridae:* Diese Viren, deren genetisches Material zum größten Teil aus RNA (Ribonukleinsäure) besteht, wurden hauptsächlich in der Tumorsuppression verwendet, da sie die Fähigkeit besitzen, nur sich teilende Zellen zu penetrieren. Die bis heute am häufigsten verwendeten Retroviridae sind jene, die Leukämie in Mäusen (MLV) verursachen. Es ist jetzt möglich, sie unter Verwendung von Techniken, welche die Qualitätskriterien klinischer Studien erfüllen, in großen Mengen zu produzieren. Durch Verwendung spezieller Promoter – Sequenzen und aufgrund der besonderen Merkmale der Virushülle ist es möglich, eine Gewebespezifität zu erreichen, was ein bestimmtes Maß an Zielgenauigkeit gestattet.

Ihr Einsatz ist hauptsächlich dadurch begrenzt, dass die Mehrheit der Retroviridae nicht für nicht – proliferierende oder sehr langsam proliferierende Zellen (Muskelzellen, Neuronen, Hepatozyten) eingesetzt werden können.

Eine Sub – Familie der Retroviridae – Lentivirinae, wie das für AIDS verantwortliche HIV – kann auch nicht – proliferierende Zellen penetrieren. Diese Lentivirinae führen zu einer verlängerten Transgen – Expression, manchmal über 7kb (Kilobase = 1000 Basen [10]) hinaus, wahrscheinlich durch zufällige In-

[10] Basen: Das Genom jedes Lebewesens besteht aus einer Abfolge bestimmter chemischer Elemente oder Nukleotide, welche die Doppelhelix der DNA durch Basen bilden, die aus drei Untereinheiten bestehen: einem Phosphatrest, einem Zucker und einer der vier Basen: Adenin (A), Guanin (G), Cytosin (C) und Thymin (T). Die zwei Stränge der Doppelhelix werden jeweils von AT – oder GC – Basenpaaren zusammengehalten. Das Basenpaar hat sich zur Maßeinheit für das Genom entwickelt. Eine Kilobase (kb) repräsentiert 1000 Basenpaare. Das menschliche Genom besteht aus über 3 Milliarden Basenpaaren. Das Genom

tegration in das Genom. Gewaltige Anstrengungen wurden unternommen, um sicherzustellen, dass die in der Gentherapie als Vektoren verwendeten Lentivirinae vollständig harmlos sind. Heute sind die Sicherheitsstandards so hoch, dass es mit den zuständigen Behörden gegenwärtig Diskussionen über erste Versuche an Menschen gibt oder bald geben wird.

*Adenoviridae* sind Viren, die für gutartige Atemwegserkrankungen verantwortlich sind, hauptsächlich für Rhinopharyngitis. Sie können proliferierende und nicht – proliferierende Zellen penetrieren. Sie fügen ihr genetisches Material nicht in die Chromosomen der Wirtszelle ein. Ihr Genom umfasst etwa ein Dutzend Gene, die heute neutralisiert werden können, um mehr Raum (etwa 28 kb) für das Einfügen von Fremdgenen zu schaffen. Adenoviridae der ersten Generation besaßen eine begrenzte Fähigkeit zur Transgen – Expression von drei bis fünf Monaten. Heute können wir einen viel längeren Zeitraum von zehn Monaten oder mehr erreichen. Ihre Verwendung beschränkt sich jedoch auf die Fälle, in denen eine vorübergehende Expression akzeptabel ist. Ein schwerer Nachteil der humanen Adenoviridae ist die Immunität eines großen Bevölkerungsanteils (90 – 95 %) gegen diesen Vektor. Es wurde eine Anzahl von caninen Adenoviridae entwickelt, die keine Immunreaktion provozieren. Momentan wird an der Produktion caniner Viren gearbeitet, die, wie die humanen Viren, mit einem Genom ausgestattet sind, aus dem viele Gene herausgelöscht wurden (gutless virus), damit der Platz für die einzufügende therapeutische DNA größer wird.

*Adeno – assoziiertes Virus (AAV)*: Dieser Begriff beschreibt eine spezielle Vektorkategorie und beinhaltet ein kleines Virus der Familie der Parvoviridae, das zur Infektion von Zellen von einem Helfervirus, normalerweise einem Adenovirus, abhängig ist. Diese nicht pathogenen Viren besitzen nur eine mäßige immunogene Wirkung. Ihre DNA besteht aus 4680 Nukleotiden, die nach ihrer Eliminierung (Neutralisierung) Raum für 4.2 kb DNA bieten, die die zu korrigierenden Zellen transfizieren soll. Das durch das AAV in die Zelle eingeführte Gen fügt sich hauptsächlich an einen bestimmten Punkt des langen Arms von Chromosom 19 ein, obwohl der zugrunde liegende Mechanismus noch nicht vollständig klar ist. Diese Fähigkeit, sich in das Genom der Wirtszelle zu integrieren, ermöglicht eine verlängerte Expression eines therapeutischen Gens nach einer einzigen Injektion. Adeno – assoziierte Viren sind bis jetzt in 4 klinischen Studien mit 36 Patienten zum Einsatz gekommen.

---

eines Virus verfügt über 1000 bis 100.000 Basenpaare (1 – 100 kb).

Dieser Vektor zeigt deswegen viele Vorteile, aber auch zwei Nachteile: die geringe Menge an Fremd – DNA, die er transportieren kann, und die Schwierigkeiten, ihn in hohen Konzentrationen vorzubereiten.

Andere Viren wurden sowohl in präklinischen als auch in klinischen Studien als Vektoren zur Therapie einer bestimmten Erkrankung eingesetzt. Mindestens zwei Beispiele sind erwähnenswert: Das Herpesvirus, für das schon eine relativ hohe Anzahl an präklinischen Studien durchgeführt wurde, empfiehlt sich aufgrund seines recht großen Raums für die Einfügung von Fremdgenen. Pockenviren, große DNA – Viren, die für verschiedene Krankheiten des Menschen verantwortlich sind, zum Beispiel Pocken und Windpocken (Vaccinia), sind schon in 25 klinischen Studien an 130 Patienten zum Einsatz gekommen, hauptsächlich bei verschiedenen Krebserkrankungen.

## Synthetische Vektoren

Große Anstrengungen wurden auf den Einsatz von Vektoren aus verschiedenen chemischen Bestandteilen verwandt. Es wurden hauptsächlich Lipide verwendet, da sie Mikrokügelchen produzieren können, die von einer doppelten Lipidschicht begrenzt werden, die mit der Zellmembran vergleichbar ist. Die positive Ladung dieser Verbindungen besitzt eine hohe Affinität zu der negativ geladenen DNA und gleichzeitig eine hohe Kapazität zur Zellpenetration. Diese Liposomen können große DNA – Fragmente "verpacken".

Insgesamt wurden zahlreiche Formeln und Lösungswege vorgeschlagen und auch ausprobiert, einige ermöglichten auch eine Penetration des Zellkerns durch das genetische Material. Die Integration exogener DNA in die Chromosomen der Wirtszelle bleibt jedoch bis dato ein Problem, das schon durch Hinzufügen viraler und assoziierter Enzyme

zu dem Vektor zu lösen versucht wurde.

Die Vorteile synthetischer Vektoren für die Gentherapie sind bedeutend: Es gibt keine Größenbegrenzung für das Transgen und es ist möglich, verschiedene Verbindungen in die Zellwand des Vektors einzubauen, damit je nach Bedarf das genetische Material angesteuert oder integriert werden kann. Außerdem können synthetische Vektoren Immunreaktionen überwinden. Beträchtliche Anstrengungen werden unternommen, um sicherzustellen, dass nur einwandfrei kontrolliertes Material zur Verfügung steht, das fast schon den Anforderungen an pharmazeutische Produkte entspricht. Leider wurde in den 75 bis jetzt durchgeführten Studien noch kein effektives System gefunden, das eine dauerhafte Expression des injizierten Materials garantiert.

## Gentherapie assoziiert mit Zelltherapie: der erste echte Erfolg der Gentherapie

Ein Weg, der zu den vielversprechendsten gehört, ist die Gentherapie mittels Stammzellen [11], die dem Organismus entnommen und nach *ex vivo*– Kultur und Transgenese wieder in den Organismus verbracht werden. Der erste wirkliche Erfolg in der Gentherapie wurde im Labor von Professor Alain Fischer am Necker Hospital in Paris erzielt, der diesen Ansatz verfolgt (Cavazzana–Calvo et al. 2000).

Die fünf behandelten Kinder litten alle an einer schweren Immunschwäche, die mit einer X–chromosomalen Störung assoziiert ist (siehe unten). Die dem kindlichen Knochenmark entnommenen Zellen wurden durch einen retroviralen Vektor transfiziert, kultiviert und fünf Tage später ins Blut reinjiziert. Nach unterschiedlichen Zeitabständen bildeten sich wieder T–Zellen und NK–Zellen im Blut der Kinder. Da ihr Immunmechanismus wieder hergestellt war, konnten die Kinder nach drei Monaten ihre Schutzanzüge verlassen. Vier Kinder konnten die Klinik ein paar Monate nach dem Gentransfer verlassen und leben mittlerweile ohne Therapie bei ihren Familien. Das fünfte Kind, das schwerer betroffen ist, musste für eine weitere Behandlung in der Klinik bleiben.

Die Forscher haben die Möglichkeit eines Rückfalls nicht ausgeschlossen, aber dann könnte die Behandlung wiederholt werden.

## X–chromosomale Störungen

Dem X–Chromosom kommt eine besondere Rolle zu, da der Mann (der einen XY–Satz besitzt) nur über ein X–Chromosom verfügt, die Frau jedoch über zwei (XX–Satz). Eine Mutation auf dem X–Chromosom des Mannes kann die Ursache einer genetisch bedingten Erkrankung sein, wogegen es bei der Frau einen "eingebauten" Kompensationsmechanismus gibt: Statistisch gesehen gibt es bei der Hälfte der Zellen ein "gesundes" X–Chromosom. Einfach ausgedrückt: Frauen sind zwar Träger von genetischen Defekten des X–Chromosoms, erkranken aber selbst nicht. Über Generationen kann es zu Paarungen zweier mutierter X–Chromosomen kommen, und auch Frauen können

[11] *Stammzelle:* Zelle, die sich im adulten Organismus zu den verschiedenen Zelltypen differenziert: Nerven– oder Muskelzellen, Leberzellen, usw. Neue Forschungen haben gezeigt, dass Stammzellen nicht nur im embryonalen, sondern auch im adulten Organismus vorhanden sind.

dann an einer durch das X – Chromosom verursachten Störung erkranken. Daraus folgt, dass genetische Erkrankungen, die bei Männern relativ häufig sind, bei Frauen selten auftreten.

## Präklinische Studien mit Stammzellen

Forschungen an Mäusen, die hauptsächlich in Italien und den USA durchgeführt wurden, haben gezeigt, dass Stammzellen aus dem Knochenmark sich nach Reinjektion ins Blut regenerieren oder zu Muskelzellen differenzieren konnten (Ferrari et al. 1998; Gussoni et al. 1999). Kanadische Forscher konnten auch nachweisen, dass Knochenmarksstammzellen der Ratte sich zu Herzmuskelzellen differenzieren konnten (Wang et al. 2000). Diese Entdeckung sollte die "Reparatur" einer durch eine Koronarthrombose verursachten Läsion ermöglichen.

Stammzellen sind in erwachsenen Organismen nicht nur im Knochenmark, sondern auch anderswo nachgewiesen worden, so insbesondere im Gehirn. Diese Entdeckung bietet zahllose therapeutische Möglichkeiten bei degenerativen Erkrankungen, besonders des Nerven – und Muskelsystems, welche die Hauptursachen für Invalidität darstellen.

Die Ideallösung, in die schon sehr viel Forschungsarbeit investiert wurde, wäre der Einsatz der Gentherapie zur *ex vivo* – Korrektur der Stammzellen und deren Reinjektion in den Organismus. Hier muss noch viel Arbeit geleistet werden, aber der Einsatz der Gentherapie für die langfristige Korrektur kultivierter Zellen ist zweifellos viel einfacher als die Korrektur ganzer Gewebe. Autogene Transplantate sollten keine immunologischen Probleme aufwerfen. Zu den noch zu lösenden Problemen gehören Fragen im Zusammenhang mit der Zellbiologie, besonders zur sicheren Kultivierung einer ausreichenden Menge von Zellen, die zuvor einem erwachsenen Organismus entnommen wurden.

Während die Gentherapie enorme Möglichkeiten zur Behandlung genetischer Erkrankungen bietet, muss hier noch eine Menge Arbeit im Labor geleistet werden, um zu gewährleisten, dass eine wirkungsvolle und sichere Therapie verabreicht werden kann.

## DNA – Reparaturtechniken

Gentamycin und Stopcodons [12]

Seit 1985 ist bekannt, dass bestimmte Antibiotika aus der Klasse der Aminoglykoside Bakterien schädigen, indem sie sich an eine spezifische Ribosomen – RNA – Stelle binden, und es dadurch ermöglichen, dass die Translation über ein Stopcodon hinweg verläuft. 1996 und 1997 hatten die Forscher die Idee, dieses Merkmal zur Korrektur der Expression des Mukoviszidose – Gens bei Patienten mit einer Nonsense – Mutation (Mutation mit einem hinzugefügten Stopcodon) zu verwenden. Mutationen dieses Typs finden sich nur bei etwa 5 % der Mukoviszidose – Patienten, aber in bestimmten endogamen Populationen kann der Anteil bis zu 60 % betragen.

Erst kürzlich gelang es US Forschern (Barton – Davis et al. 1999), die mit dem Mausmodell für Duchenne – Muskeldystrophie mit Stopcodon arbeiteten, eine Expression des bei dieser Störung fehlenden Proteins Dystrophin zu erreichen, und zwar zu 10 – 20 % der normalen Konzentration. Dies gelang durch den Einsatz von Gentamycin, einer bisher als Antibiotikum verwendeten Substanz.

Leider kann Gentamycin zu Taubheit und gelegentlich zu Nierenversagen führen; daher muss erst eine nicht – toxische Dosis ermittelt werden. Außerdem besteht natürlich das Risiko, dass Gentamycin jedes beliebige Stopcodon angreift. Das zu reparierende Gen muss deshalb genau angesteuert werden; das gelingt höchstwahrscheinlich durch die Herstellung von Verbindungen, welche die Sequenzen vor und nach dem betreffenden Stopcodon erkennen.

Diese Technik könnte einen breiten Anwendungsbereich finden, da nach Schätzungen etwa 600 genetisch bedingte Erkrankungen ihre Ursache in einem Stopcodon haben.

## Chimeraplastie

Chimeraplastie ist eine Technik zur Korrektur einer mutierten DNA, die zum ersten Male im Jahr 1996 in der Arbeit von E. Kmiec auftauchte, der eine spezielle Mutation durch Transfektion kultivierter Zellen erfolgreich korrigierte.

---

[12] *Stopcodon*: Bezeichnung für die drei mRNA – Sequenzen, die nicht für eine Aminosäure kodieren und das Ende der Proteinsynthese angeben. Siehe *Anhang I*: Proteine.

Dazu verwendete er ein "chimärisches" Oligonukleotid [13], seinen Namen verdankt es seiner Zusammensetzung aus DNA und RNA (Kmiec 1999).

Ein kleines Fragment doppelsträngiger DNA, das die wieder herzustellende Sequenz enthält, wird in den Bereichen, die neben der Mutationsstelle liegen, mit einem Fragment der korrespondierenden RNA kombiniert. Dadurch entsteht ein so genanntes Chimeraplast [14]. Vielversprechende Erfolge wurden zunächst *in vitro* mit Zelllinien zur Korrektur einer Hämoglobinmutation erreicht, die für die Sichelzellenanämie verantwortlich ist, eine schwere Blutkrankheit. Erfolge stellten sich auch bei Leberzellen ein: Hier wurde das Gen, das für das Enzym alkalische Phosphatase (AP) verantwortlich ist, korrigiert. Danach schlossen sich *in vivo* – Versuche mit Ratten an: Durch intravenöse Injektion erfolgte die Korrektur einer Mutation von Gerinnungsfaktor IX, die Hämophilie B verursacht.

In jüngster Vergangenheit konnte gezeigt werden, dass auch eine Korrektur neuromuskulärer Störungen möglich ist, zuerst im Mausmodell, danach im Hundemodell. Im letzteren Fall konnten die Forscher eine stabile Korrektur über 48 Wochen erzielen. Bis jetzt haben die Ergebnisse noch nicht zur Möglichkeit einer physiologischen Verbesserung geführt, haben jedoch begründete Hoffnungen geweckt, die durch verbesserte Techniken auch erfüllt werden sollten.

## Antisense – RNA

Bei Antisense – RNA handelt es sich um Komplementär – RNA [15], die an eine Target – RNA binden und dadurch die Genexpression verhindern kann. Dieser Prozess wurde zuerst 1978 vorgeschlagen, zur Hemmung von Rous – Virus Replikations – Inhibitoren. Im Laufe der vergangenen 20 Jahre wurden mehrere Anwendungsmöglichkeiten vorgelegt (Dunckley et al. 1998). Mehrere Firmen vermarkten unterschiedliche Antisense – RNA zu therapeutischen Zwecken. Um wirksam zu sein, muss das Antisense – RNA – Fragment viele Bedingungen erfüllen: Es muss resistent gegen Nukleasen sein, die Zellmembran durchdringen und spezifisch an seine Zielsequenz binden.

---

[13] *Oligonukleotid*: eine Kette aus wenigen Nukleotiden (ein Nukleotid ist ein chemischer Grundbaustein der DNA).

[14] *Chimeraplast:* synthetisches Molekül aus RNA und DNA, das zur Genreparatur verwendet wird.

[15] *Komplementär – RNA:* synthetische Ribonukleinsäure, deren Sequenz ergänzend zur RNA – oder einsträngigen DNA – Sequenz verläuft.

Diese Art der Behandlung wurde zur Expressionshemmung solcher Proteine angewandt, die eine Rolle bei der Krebsentwicklung spielen. Die Antisense – Technik wurde auch als ein Weg zur Behandlung von Psoriasis vorgeschlagen und sogar als Möglichkeit der Hemmung des HI – Virus in Betracht gezogen.

## Gen – Immuntherapie

Das Prinzip hinter dieser Form der Immuntherapie ist die Stimulation des Immunsystems durch intramuskuläre Injektion von nackter DNA. Diese Art des Impfstoffes wurde hauptsächlich zur Behandlung von Tumoren durch überexprimierte [16], normale Proteine oder durch exprimierte anomale Proteine eingesetzt, was zu einer Immunreaktion gegen die Krebszellen führt (Old 1996). Es wurden verschiedene Produkte vermarktet, insbesondere durch die Firma Vical in den USA. Ihr Präparat Allovectin®verwendet ein Gen, das das seltene HLA – B7 – Antigen kodiert, und das sich als relativ wirksam gegen das maligne Melanom erwiesen hat. Leuvectin™, auch ein Vical Präparat, enthält das Gen, das IL – 2 Interleukin kodiert. Es wird zur Bekämpfung des metastatischen Nierenkarzinoms eingesetzt. Leider sind diese Produkte für bestimmte Patienten zu einem gewissen Grad toxisch.

Auf der Grundlage dieser Technologie wurde auch nach Impfstoffen gegen infektiöse oder parasitäre Erkrankungen geforscht, insbesondere in Richtung HI – Virus, das AIDS verursacht, oder gegen Parasiten, wie zum Beispiel den Malaria – Erreger Plasmodium falciparum. Die US – Firma Copernicus Therapeutics hat vor kurzem mit dem US Naval Medical Research Center (NMRC) einen Kooperationsvertrag zur Entwicklung eines Malaria – Impfstoffes abgeschlossen.

Die Decodierung des Genoms verschiedenster Organismen, vom Virus bis zum Menschen, liefert eine enorme Menge an Informationen und erlaubt gewaltige Einblicke in biologische Phänomene und in die Art und Weise, wie es zu einer Fehlfunktion und damit zu einer pathologischen Entwicklung kommt. Zahlreiche therapeutische Strategien wurden schon entwickelt und auf der Grundlage dieser Kenntnisse ausprobiert. Gentherapie im weitesten Sinn tritt nun langsam aus dem virtuellen Stadium heraus. Für ihre Anwendung bei einer

---

[16] *Überexprimiertes Gen:* ein in übergroßen Mengen transkribiertes Gen, was meist zu einem Anstieg des Proteins führt, für das das Gen kodiert.

großen Anzahl an Krankheiten bedarf es noch nachhaltigerer Anstrengungen, besonders bei der Entwicklung effektiver Vektoren.

Die DNA–Reparaturtechniken stecken noch in den Kinderschuhen, aber es besteht Hoffnung auf echte therapeutische Anwendungen. Ein individualisierter, maßgeschneiderter pharmakologischer Therapieansatz bietet zweifellos bessere Behandlungsmöglichkeiten für schwere und häufige Erkrankungen.

Dieser kurze Überblick hat gezeigt, dass sich große Möglichkeiten auftun, die das Leben der Patienten verbessern werden. Die USA haben auf therapeutischem Gebiet oft eine führende Position eingenommen; es ist ganz klar, dass die Länder Europas, mit ihrem beträchtlichen Potential an Forschung und ihrer pharmazeutischen Industrie, die stark in diese neuen Therapieformen investiert, eine wichtige Rolle bei der Förderung dieser neuen Medizin spielen werden. Sie verspricht einen ähnlich gewaltigen Fortschritt, wie er seinerzeit durch die Forschungen Pasteurs oder durch die Entdeckung der Antibiotika eingeleitet wurde.

## Literatur

Barton–Davies E.R. et al.: "Aminoglycoside antibiotics restore dystrophin function to skeletal muscles of mdx mice", *J. Clin. Invest.* 1999, Bd. 104: S. 375–381

Cavazzana–Calvo M. et al.: "Gene therapy of human severe combined immunodeficiency (SCID)–X1 disease", *Science* 2000, Bd. 288: S. 669–672

Dunckley M.G. et al. "Modification of splicing in the dystrophin gene in cultured Mdx muscle cells by antisense oligoribonucleotides". *Hum. Mol. Genet.* 1998, Bd. 5: S. 1083–1090

Kahn A. "Dix ans de thérapie génique: déceptions et espoirs". *Biofutur* 2000; Bd. 202, S. 16–20

Ferrari et al. G. "Muscle regeneration by bone marrow–derived myogenic progenitors", *Science* 1998; Bd. 279: S. 1528–1530

Gussoni E. et al. "Dystrophin expression in the mdx mouse restored by stem cell transplantation", *Nature* 1999; Bd. 401: S. 390–394

Kmiec EB. "Comment réparer les genes", *Biofutur* 1999; Bd. 195: S. 32–36

Old L. "L'immunothérapie." *Pour la Science* 1996; Nr. 229. S. 106–114.

Wang J.S. et al. "Marrow stromal cells for cellular cardiomyoplasty: feasibility and potential clinical advantages." *J. Thorac. Cardiovasc. Surg.* 2000; Bd. 120: S. 999–1006

NB: Die folgende Publikation enthält besonders nützliche Informationen über aktuelle Entwicklungen in der Gentherapie: *The Development of Human Gene Therapy.* (1999) Herausg. T. Friedman, Cold Spring Harbor Laboratory Press.

# Das Humangenom und seine industriellen Anwendungen

Mike Furness, Dr. Kenny Pollock

Das Humangenom – Projekt (HGP)[1] wurde in den späten achtziger Jahren des vorigen Jahrhunderts in der Überzeugung initiiert, dass solch ein Projekt von großem Vorteil für das Verständnis der Humangenetik und der Krankheiten des Menschen wäre und dadurch neue Entwicklungen innerhalb der Medizin und in der Gesundheitsindustrie einleiten würde. In der Realität haben die Auswirkungen und der potenzielle Nutzen des HGP die anfänglichen Erwartungen bei weitem übertroffen und werden mittlerweile im gesamten Bereich der Life – Science Industrie umgesetzt und angewandt.

Jetzt, da das HGP sich *per se* seiner Vollendung nähert, gewinnt die Wertschöpfung aus dem Projekt, sowohl aus einer akademischen, altruistischen Perspektive (Wissensvorteile für die Menschheit) als auch aus einem kommerziellen Blickwinkel heraus bedeutend an Fahrt. Man könnte sagen, dass der aktuelle und projizierte Wert des Humangenoms an dem Ausmaß des geistigen Eigentums, das momentan für genomische Daten zum Patent angemeldet wird, gemessen werden kann. In harter Währung ausgedrückt lag der geschätzte Wert der Genomikindustrie (Produkte und Dienstleistungen zusammengenommen) 1999 bei etwa 2,2 Milliarden US – $ und wird bis 2004 auf etwa 8,4 Milliarden US – $ (Schneider 2000) ansteigen. Die genomische Forschung und ihre Anwendungsbereiche haben sich in den vergangenen zehn Jahren explosionsartig entwickelt. Diese Entwicklung verlief zum Teil gemeinsam mit und auch parallel zum Humangenom – Projekt und den Unmengen anderer Genomsequenzierungsprojekte, die in den letzten Jahren eingeleitet wurden. Diese Projekte betreffen niedrige Organismen wie Bakterien und Hefen, verschiedene Säugetierspezies wie Ratte und Maus (Beeley et al. 2000) und sogar

[1] HGP Website: *http://www.nhgri.nhi.gov/HGP/*

das Pflanzenreich, einschließlich der Ackerschmalwand (*Arabidopsis thaliana*) (Somerville et al. 1999) und der Reispflanze (*Oryza sativa*), wie erst kürzlich von Syngenta und Myriad angekündigt (Dickson et al. 2001).

Durch die Gensequenzierung erhalten wir sozusagen das "Alphabet" des Lebens. Die Genomforschung jedoch beschäftigt sich mit der Identifizierung und funktionalen Annotation der biologischen Grundkomponenten, ausgehend von der Identifizierung einzelner Gene (den "Worten") innerhalb einer Sequenz, bis zur Identifizierung und funktionalen Annotation einzelner Proteine (den "Sätzen"), und letztendlich zur Definition der speziellen Aufgabe eines jeden Proteins innerhalb einer Zelle, einem Organismus oder einem ganzen Tier (die "Enzyklopädie" des Lebens). Dies ist keine einfache Aufgabe, sie verlangt im Gegenteil die Integration verschiedenster Fähigkeiten und Kenntnisse, von der Computerwissenschaft bis zur angewandten funktionalen Biologie. Die industriellen Anwendungsmöglichkeiten der Genomforschung sind breit gefächert und unterschiedlichster Art, aber in allen Fällen liegt der Schlüssel zum Erfolg in der Entwicklung geeigneter "technologischer Plattformen" und assoziierter Infrastrukturen zur Datenverwaltung, die in der Lage sind, das ganze Genom abzudecken und einen hohen Durchsatz der Datenerzeugung besitzen. Komplementär zu dieser Datenerzeugung ist der Bedarf an riesiger Speicherkapazität (bald hunderte von Terabytes) und die Fähigkeit, die Daten schnell und sinnvoll zu analysieren. In dieser Hinsicht hat sich die Wissenschaft der Bioinformatik (biologische Informatik) rasant entwickelt, um die EDV-Hilfsmittel zur Verfügung zu stellen, mit denen sowohl der numerische Dateninhalt als auch die damit verbundene Textinformation bearbeitet werden können. Dadurch ermöglicht sie, aus den Zahlen einen gewissen biologischen Sinn zu erkennen. (Persidis 1999).

Dieses Kapitel möchte einige der in der aktuellen Genomik angewandten Technologien genauer beleuchten und Beispiele dafür anführen, welchen gegenwärtigen oder zukünftigen Einfluss sie auf pharmazeutische Industrie, agrochemische Entwicklung, Lebensmittelwissenschaften, persönliche Gesundheitsvorsorge und auch die Umwelt haben werden.

## Genomik und Pharmaindustrie

Die forschende pharmazeutische Industrie investierte im Jahre 2000 rund 26.4 Milliarden US – $ in Forschung und Entwicklung, das bedeutet eine Erhöhung um 10,1 % gegenüber dem Vorjahr und entspricht 20 % des Gesamterlöses (laut Pharmaindustrie – Profil 2000).[2] Der Erhalt der Wachstumsrate erfordert die Aufrechterhaltung eines hohen Forschungsniveaus unter gleichzeitiger Kontrolle der entsprechenden Kosten durch Pharmaindustrie und Biotech – Firmen. Nach Schätzungen kostet die Entwicklung eines neuen Medikamentes von der Forschung bis zur Marktreife 500 Millionen US – $, wobei 70 % dieser Kosten auf Fehlschläge in der Phase der präklinischen Forschung und Entwicklung[3] zurückgehen. Andere Schätzungen haben gezeigt, dass eine Erhöhung des Anteils der Wirkstoffkandidaten, die es von Phase I – Studien zur Marktreife schaffen, von 23 % auf 25 % zu einer Ersparnis von 8% der Produktentwicklungskosten führen würde. Dies entspräche etwa 50 Millionen US – $ pro Produkt (DiMasi et al. 1991). Zusätzlich wurde geschätzt, dass Verkürzungen des Zulassungsverfahrens um ein bis zwei Jahre die Kosten für neue Arzneimittel um 20 – 23% senken würden (DiMasi et al. 1995). Trotz der hohen Kosten der Arzneimittelentwicklung ist der kommerzielle Nutzen für die Firmen, die innovative Medikamente bereitstellen, jedoch beträchtlich. Ein Blick auf neuere statistische Daten gibt uns einen Eindruck von den möglichen Vorteilen, die sich für einen pharmazeutischen Hersteller ergeben. Daraus wird ersichtlich, dass allein in den USA ein verschreibungspflichtiges Medikament täglich etwa 1,3 Millionen US – $ an Einkünften erzeugt, im Falle von Prilosec®(ein Medikament gegen Geschwüre) erhöht sich diese Zahl auf etwa 11,2 Millionen US – $ pro Tag (Getz et al. 2000).

Im Hinblick auf das große finanzielle Potenzial ist es gegenwärtig zwingend für die pharmazeutische Industrie, neue und geeignetere Einsatzmöglichkeiten für Medikamente zu identifizieren, gegen die neuartige und bessere Substanzen entwickelt werden können, so dass bisher nicht erfüllte medizinische Bedürfnisse abgedeckt werden können. Darin impliziert ist die Notwendigkeit, die Auswahl von möglichen Substanzen mit verbesserter Wirksamkeit, verringerter Toxizität und geringerem Nebenwirkungspotenzial effizienter zu gestalten. Die Kostenersparnis bei der Entwicklung von drei erfolgreichen Medikamenten aus zehn Kandidaten gegenüber einer erfolgreichen Substanz aus zwanzig möglichen ist offensichtlich. Der wirkliche Nutzen ist jedoch der Vorteil für die Patienten, die auf diese Weise wirksamere und sicherere Arzneimittel erhalten, nicht nur für gegenwärtig therapiefähige Erkrankungen, sondern hoffentlich auch für Krankheiten, die momentan noch unbehandelbar sind oder eine niedrige Therapieansprechrate besitzen.

---

[2] Siehe: *http://www.phrma.org/publications/*

[3] Siehe: *http://www.phrma.org*

**Figure 1**

***Breakdown of the drug discovery and development process***

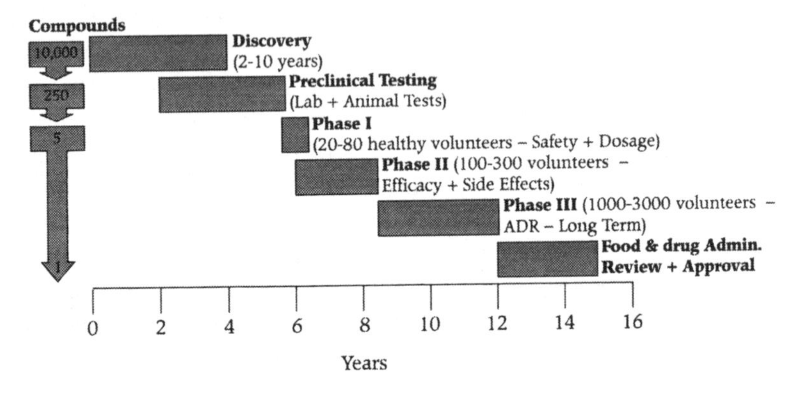


Adapted from PhRMA Report 1998

*Abbildung 1*

Wenn man bei Null beginnt, beinhaltet der Prozess der Wirkstofffindung für einen großen Pharmaproduzenten eine Anzahl von aufeinander folgenden Phasen wie in Abbildung I dargestellt. In Kürze: Die Phase der "Entdeckung" beinhaltet die Identifizierung von neuen Einsatzzielen im Körper ("Targetfindung"), die an der Entstehung bestimmter Krankheiten beteiligt sind, sowie die Identifizierung von Substanzen, die mit diesen Einsatzzielen interagieren und dadurch auf die Krankheitsentwicklung einwirken. Dieser Prozess der durch die Chemie bestimmten Wirkstofffindung [4] und Erstoptimierung [5] dauert zwei bis zehn Jahre und führt zu einem potenziellen Arzneimittel, das die präklinische Testphase erreicht. Als alternativer Ansatz zur chemieorientierten Wirkstofffindung werden hauptsächlich durch Biotechnologie – Firmen auch Therapeutika in Form von Proteinen und Antikörpern entwickelt. Die Strategie der Ausbeutung des Humangenoms im Hinblick auf Proteintherapeutika ähnelt der Targetfindung für kleinere Moleküle, aber die Proteinarten, die in diesem Kontext als Target identifiziert wurden, unterscheiden sich wahrscheinlich von denen, die als therapeutische Wirkstoffe identifiziert wurden. Gegenwärtig

---

[4] *Wirkstofffindung*: Identifizierung chemischer Substanzen, die sich als Arzneimittel eignen.

[5] *Erstoptimierung:* strukturelle Adaption der identifizierten Substanzen zu einem quasi – Arzneimittel, das in der klinischen Anwendung sicher und wirksam ist.

werden etwa 60 Medikamente vermarktet, die aus Proteinen bestehen, und im Jahre 1998 bestanden 15 von 57 neuen Arzneimitteln aus Proteinen oder Antikörpern. Nach Schätzungen kodiert das Humangenom über 10 000 gebildete Proteine, davon besitzen etwa 120 – 280 ein therapeutisches Potenzial (Drews 2000). Die Gentherapie ist immer noch ein Versprechen für zukünftige Erfolge (Friedmann 1996), und viele Forschungsprogramme beschäftigen sich mit ihrem möglichen Nutzen. Ein Todesfall in einer kürzlich durchgeführten klinischen Studie hat jedoch zu einer Warnung über die Aussichten der Gentherapie vom Aspekt der Sicherheit her geführt (Smaglik 2000).

In den letzten Jahren hat sich die Genomforschung mehr auf die Entwicklung von Hilfsmitteln zur schnellen Identifizierung, Validierung und Optimierung von Drug Targets konzentriert. In einem lebenden System (Organismus) wird die DNA, aus der die Chromosomen bestehen, in die Fragmente der messenger oder Boten – RNA (mRNA) – Fragmente [6] transkribiert, die jeweils die Information kodieren, die zur Erzeugung eines Proteins oder Peptids (kleines Protein oder Proteinfragment) benötigt wird. Die mRNA ist deshalb das früheste funktionelle Produkt des Genoms, und die komplexe Mischung von mRNAs, oder das Transkriptom [7] einer Zelle, sollte den strukturellen und funktionellen Phänotyp [8] dieser Zelle widerspiegeln. Die transkribierten mRNAs werden dann in die entsprechenden Proteinprodukte übersetzt und erzeugen das Komplement der Enzyme, strukturellen Proteine, etc., die zusammen das Proteom [9] bilden.

## Verwendung von Sequenzdatenbasen im Wirkstofffindungsprozess

Ein Ansatz, der sich für die pharmazeutische Industrie als unschätzbar wertvoll erwiesen hat, ist das Zusammenfügen der Information aus der DNA – Sequenz und der entsprechenden Proteinsequenz in Form von Sequenzdatenbasen. Zwei Ansätze zur Erzeugung von Sequenzdatenbasen werden am häufigsten verfolgt: direkte Sequenzierung des Genoms, oder Analyse der exprimierten mR-

[6] *messenger RNA (mRNA):* eine Ribonukleinsäure, die den genetischen Code eines bestimmten Proteins von der DNA im Zellkern zu einem Ribosom im Cytoplasma transportiert und als Schablone oder Muster zur Bildung dieses Proteins dient.

[7] *Transkriptom:* besteht aus Tausenden von mRNAs, die in jedem unterschiedlichen Zelltyp spezifisch exprimiert werden

[8] *Phänotyp:* physische Eigenschaften, die durch Genexpression und Umwelteinflüsse produziert werden

[9] *Proteom:* das gesamte Proteinrepertoire einer Zelle

NA zum Aufbau von EST (= Expressed Sequence Tag) – Datenbasen [10]. Die EST – Sequenzierung wurde in den frühen neunziger Jahren des vergangenen Jahrhunderts eingeführt (Adams et al. 1993). Firmen wie Incyte (Palo Alto, Kalifornien) und Human Genome Sciences (Rockville, Maryland) sind führend bei der Erzeugung von EST – Datenbasen für die kommerzielle Nutzung. Zur Zeit enthält alleine die Datenbank von Incyte mehr als 6,5 Millionen menschliche EST – Sequenzen. Zusätzlich zu diesen kommerziellen Unternehmen wurde eine öffentliche EST – Datenbank bei der Whitehouse Station, New Jersey, eingerichtet, die von Merck finanziert wird (Williamson 1999). Bei der Erzeugung dieser Datenbanken werden die EST – Sequenzen mit ihrem biologischen Ursprung assoziiert, so dass die Relevanz bestimmter Sequenzen im Kontext einer bestimmten Erkrankung oder auch Arzneimitteltherapie beurteilt werden kann. Zusätzlich liefern EST – Datenbanken genspezifische Links zu anderen Public – Domain Sequenzdatenbasen (GenBank, EMBL, etc.) und zu entsprechenden Literaturquellen (zum Beispiel Medline, OMIM). Damit soll die Sammlung von Informationen über die schon in öffentlichen Datenbanken beschriebenen Gene erleichtert werden (Mehrere Autoren, 2001).

Nutzen und Wert der Datenbasen ergeben sich aus der Anwendung von Bioinformationen auf die Rohdaten. So können zum Beispiel kleine Fragmente der Gensequenz *in silico* (elektronisch, mittels Computer) zusammengefügt werden. Dies geschieht unter Verwendung verschiedenster Software – Tools aus der Bioinformatik, die zur Identifizierung von überlappenden Sequenzen, und letztendlich zur Identifizierung der vollen Sequenzlänge der Protein kodierenden Gene zur Verfügung stehen (Schuler 1997; Vasmatzis 1998). EST – Sequenzfragmente können auch mit bekannten, in öffentlichen Datenbanken vorhandenen Sequenzen verglichen werden. EST – Sequenzen können elektronisch in putative Proteinsequenzen übersetzt werden, die dann einem neuen Satz von Bioinformatik – Tools unterzogen werden, welche die Annotation durch Sequenz – Alignment/Homologie – Suche [11] gestatten. Dieses neue Verfahren hilft bei der Entdeckung vieler neuer Gene mit unbekannter Identität oder Funktion.

Eine Annäherung an potenzielle neue Targets ist auch möglich durch einen Vergleich unbekannter DNA – Sequenzen mit bekannten Sequenzen aktueller Targets zur Identifizierung neuer Homologe. Nach gegenwärtigen Schätzun-

[10] *Expressed sequence tag*: kurze DNA – Sequenz, die ein Gen repräsentiert, das vom Genom exprimiert wurde.

[11] *Homolog*: Gen oder Protein, dessen Sequenzbereiche oder Strukturen einem anderen Gen oder Protein sehr ähnlich sind.

gen gibt es nur etwa 500 Proteine (Drews 2000), gegen die bis jetzt Arzneisubstanzen eingesetzt werden, Spekulationen gehen aber von einer Gesamtmenge von 5000 – 10000 Targets in den 100 000 oder mehr Gentranskripten aus. Die meisten bekannten Targets können einer kleineren Anzahl an Kategorien zugeordnet werden, die Hauptkategorien sind: Oberflächenrezeptoren [12], nukleäre Rezeptoren, Ionenkanäle [13] und Protease – Enzyme [14].

## Einsatz von Expressionsdatenbasen: RNA – Technologien

Auf der Grundlage der Sequenzdatenbasen, die zur Identifizierung der individuellen Genrepertoires eingesetzt wurden, hat sich eine Anzahl von verbesserten Technologien entwickelt, um gleichzeitig Veränderungen bei der Transkriptomsexpression unterschiedlicher Erkrankungen oder Arzneimitteltherapien überwachen zu können. Auf der Ebene der mRNA beinhalten diese Technologien so genannte High – density Microarrays (Genchips), basierend auf gespotteten cDNA – Zielsequenzen (Brown P. et al. 1999; Duggan et al. 1999), die von Firmen wie Incyte (Palo Alto, Kalifornien) und Rosetta (Stanford, Kalifornien) vermarktet werden. Zu dieser Gruppe gehören auch sequenzspezifische Oligonukleotide (Southern et al. 1999; Lipschulz et al. 1999, Kumar et al. 2001), wie sie zum Beispiel von Affymetrix (Hayward, Kalifornien) vermarktet werden.

Alternative Differenz – Expressions – Technologien wurden kommerziell entwickelt, zum Beispiel Serial Analysis of Gene Expression (SAGE) (Madden et al. 2000), GeneCalling™(Rinninger et al. 2000) und READS™(Prashar et al. 1996), um nur drei Beispiele zu nennen. Diese Verfahren erlauben die Identifizierung einer großen Anzahl von Genen, die unterschiedlich in Zellen exprimiert werden. Der Vorteile dieser Ansätze ist, dass sie das Vorhandensein und/oder die unterschiedliche Expression neuer Gene, die in nur geringer Zahl exprimiert werden, nachweisen können.

---

[12] *Rezeptor:* Protein oder Proteingruppe, die einen Reiz der Zellumgebung in Signale umwandelt, die den Organismus zur Änderung von Verhaltensweisen oder von physiologischen Vorgängen veranlassen

[13] *Ionenkanal:* in eine Zellmembran eingebettetes Protein, das als Kreuzungspunkt für den regulierten Transfer eines spezifischen Ions oder einer Ionengruppe über die Membran hinweg dient.

[14] *Protease – Enzym:* Enzym, das die Spaltung von Proteinen in kleinere Peptidfraktionen und Aminosäuren katalysiert.

## Einsatz von Expressionsdatenbasen: Proteintechnologien

Nach der Genexpression werden zahlreiche Gene in Proteine übersetzt. Im Laufe der vergangenen zwanzig Jahre wurden große Anstrengungen in die Entwicklung einer möglichst raschen und vollständigen Proteomanalyse investiert. Eine Schlüsselentwicklung in dieser Beziehung war der Einsatz robuster Bedingungen zur Trennung von Proteinen aus Zellen durch die hoch auflösende, 2 – dimensionale Gel – Elektrophorese (Celis et al. 1999) [15]. Nach der Auftrennung werden die Proteine angefärbt und lokalisiert, ihre Koordinaten auf einem Gel fixiert, und die relative Menge von Proteinen auf dieser Koordinatenposition über eine Reihe von Gelblöcken geschätzt. Auf diese Weise werden die quantitativen Veränderungen in einem Protein identifiziert. Man erhält die Proteinsequenz nach Spot – Exzision und der Analyse. Die abgeleitete Proteinsequenz kann dann mit einer Datenbank bekannter Proteine verglichen werden, dann kann eine Annotation erfolgen (Dunn 2000; Page et al. 1999; Celis et al. 2000). Bis jetzt erlaubt diese Technologie die Identifizierung von etwa 2000 Proteinen aus jeder 2 – D Geltrennung aus einer Gesamtzahl von mehr als 300 000 Proteinen, die beim Menschen potenziell exprimiert werden.

Der Wert der Protein – Expressionsdatenbasen ergibt sich auch hier aus der Identifizierung neuer Proteine, die mit einem Krankheitsphänotyp assoziiert sind, und zwar im Hinblick auf eine Entwicklung dieser Proteine zu therapeutischen Wirkstoffen, Targets oder diagnostischen Markern [16]. Die Proteomik (die sich der Erforschung des Proteoms widmet) und ihre Anwendungsmöglichkeiten befinden sich technologisch noch in den Kinderschuhen, und es wird daran gearbeitet, einen umfassenderen und schnelleren Weg zur Proteomanalyse zu finden, wie zum Beispiel die Proteinchips, die momentan von zahlreichen Labors entwickelt werden (Davies 200; Quereshi et al. 2000). Während die Analyse von entweder Proteom oder Transkriptom Vorteile bietet, ermöglicht uns die Analyse von beiden (Celis et al. 2000) ein besseres Verständnis der untersuchten biologischen Systeme.

---

[15] *Gel – Elektrophorese*: Technik zur Trennung von Molekülen unterschiedlicher Größe. Dazu wird eine Mischung aus den zu trennenden Molekülen mit Hilfe eines elektrischen Feldes durch einen Gelblock gezogen, wobei sich die kleineren Moleküle schneller bewegen und deswegen eine weitere Strecke zurücklegen als die größeren.

[16] *Marker:* spezielles Protein bekannter Eigenschaften(z.B. Größe, Sequenz, usw.) das mit einer spezifischen Krankheit oder einem Merkmal assoziiert ist und als Referenz verwendet wird, gegen die unbekannte Proben verglichen werden, um sie auf die Krankheit oder das Merkmal hin zu untersuchen.

## Targetfindung

Nach der Entscheidung über die anzuwendende Technologie können Expressionsdatenbasen mit Input aus allen interessanten biologischen Quellen erzeugt werden, sei es ein Zellkultur – Modell oder menschliches oder tierisches Gewebe. Auf diesem Weg können Experimente geplant und Daten erzeugt werden, die normale physiologische Vorgänge in Bezug zu pathologischen Prozessen reflektieren. Eine Vielzahl von Strategien kann zur gründlichen Analyse von Expressionsdaten im Hinblick auf das Verständnis von Biologie, Pharmakologie und Toxikologie auf molekularer Ebene eingesetzt werden, und letztendlich zur Identifizierung eventueller Einsatzmöglichkeiten für Wirkstoffe und Krankheitsmarker. Wie schon im Kontext der Sequenzdatenbasen ausgeführt, spielt die Bioinformatik auch eine große Rolle bei der Analyse von Transkriptom – Profilierungsdaten [17].

Bei der Bearbeitung von Transkriptom – Profilierungsdaten werden die Ergebnisse normalisiert, um einen Vergleich über eine größere Anzahl von unterschiedlichen Datensätzen und über verschiedene Technologieplattformen zu gestatten. Nach der Normalisierung können die Daten abgefragt werden, um gewebespezifische, therapiespezifische oder krankheitsspezifische Unterschiede in der Genexpression innerhalb des Transkriptoms zu identifizieren. Obwohl einige dieser Abfragen nicht komplex sind, müssen wohl viele Millionen von Datenpunkten herausgezogen und gleichzeitig analysiert werden, damit die dazugehörige Information extrahiert werden kann. Aus solchen Abfragen kann eine Kandidatenliste von 50 – 200 Genen aus einem Array von 5 – 10 000 Genen abgeleitet werden (Schiffman et al. 2000). Obwohl sich dank des aktuellen Hochdurchsatz – Screenings [18] vielleicht einige Gene sofort als geeignete Screening – Targets erweisen (pharmakologische Targetvalidierung), benötigen die meisten Arzneimittelkandidaten an diesem Punkt noch eine umfangreichere Untersuchung mittels anderer Molekulartechnologien, damit sie als potenzielle Kandidaten auf die Prioritätenliste gesetzt werden können. Es kann auch vorkommen, dass ein Gen mit einer interessanten Gewebedistribution gefunden wird, und/oder mit einem regulierten Expressionsmuster in einer bestimmten Krankheit, was darauf hinweist, dass ein Protein eine therapeutische Substanz oder ein Ziel für eine Arzneisubstanz repräsentiert. Der

---

[17] *Transkriptom – Profilierung:* Erstellung des Musters oder Profils von transkribierten Genen, die in einem bestimmten Zelltyp auftreten.

[18] *Hochdurchsatz – Screening (HTS):* Anwendung von Robotik und Miniaturisierung, wodurch mehr Proben schneller und kostengünstiger getestet werden können

Einsatz von Microarrays zur Identifizierung von Einsatzzielen ist sehr informativ, wenn einem Genkandidaten schon eine Information zugeordnet ist. Ist ein differenziert exprimiertes Gen nur als neue EST – Sequenz identifizierbar, ist die Verlängerung und Annotation der Sequenz aufwändiger.

Über eine einfache Gen – für – Gen Analyse von Transkriptom – Profilierungsdaten werden mittlerweile leistungsfähige, auf Statistik beruhende Cluster – Techniken [19] angewandt, mit denen Gene mit ähnlichem Veränderungsmuster der Expression identifiziert werden können. Die Cluster – Analyse von Expressionsdaten wurde zur Identifizierung von Unterklassen des B – Zell – Lymphoms [20] eingesetzt (Alizedah et al. 2000) und in einer komplexeren Umgebung zur Definition eines Klassifizierungsmodells zur Diagnose unterschiedlicher Leukämie – Typen (Golub et al. 1999) verwendet. Auch hier ergeben sich durch intelligente Datenbefragung aus den erhaltenen Informationen Gene, die sich – entweder einzeln oder kombiniert als Gencluster – als potenzielle diagnostische Marker oder Krankheitsmarker oder auch als Target – Kandidaten für Wirkstoffe eignen.

## Pharmacogenomik

Die Pharmacogenomik ist eine Wissenschaft, die anfänglich im Hinblick auf das Verständnis der Pathophysiologie und der Targetfindung fast als Unterdisziplin der Genomik hätte angesehen werden können (Bailey et al. 1999). Die Pharmacogenomik erforscht die Wirkung eines Arzneimittels auf das Genom, und entwickelt sich mittlerweile als sehr wirkungsvolle Strategie zum Verständnis einer Erkrankung und zur Charakterisierung biologischer Reaktionen auf Wirkstoffe, nicht nur bezüglich Wirkung und Toxikologie, nicht nur aus dem Blickwinkel der Wirksamkeit, sondern auch hinsichtlich der Identifizierung von Unterschieden zwischen normalen und erkrankten Geweben. Die Pharmacogenomik kann auf verschiedenen Gebieten Einfluss auf den Prozess der Wirkstofffindung nehmen, einschließlich Targetfindung, Erstoptimierung der Wirkstofffindung (Verstehen und Modifizieren chemischer Ausgangsstrukturen vor ihrer Weiterentwicklung zum Arzneimittel), und in der prädiktiven Toxikologie. In der Transkriptom – Profilierung können Gene, die unter verschiedenen Bedingungen in gemeinsamen Mustern Cluster bilden, unter

[19] *Cluster – Techniken:* mathematische Methode, mit der sich Daten in kleinere Untergruppen organisieren lassen, die auf Ähnlichkeiten basieren. Beispiel: Substanzen oder Erkrankungen mit ähnlichen Mustern der Genveränderung

[20] *B – Zell – Lymphom:* Untertyp eines Lymphdrüsenkrebses

Umständen für die Wirkung einer bestimmten Zusammensetzung charakteristisch sein und könnten zur Charakterisierung der Aktivität der Verbindung auf der Genexpressions – Ebene verwendet werden. Innerhalb der Cluster, die von Interesse sind, können individuelle Genexpressions – Muster identifiziert werden, die zwischen verschiedenen Klassen von Verbindungen oder sogar innerhalb einer chemischen Serie unterscheiden können. Die Charakterisierung von Verbindungen innerhalb einer chemischen Serie durch Expressions – Profilierung wird deshalb zu einem mächtigen sehr wirkungsvollen Werkzeug zur Identifizierung von Verbindungen mit einem bevorzugten Wirkprofil. Die Identifizierung einer geeigneten Aktivität (Wirksamkeit) bei einem Wirkstoffkandidaten ist nur die eine Seite der Medaille, die andere ist die Beurteilung der Sicherheit.

## Beurteilung der Sicherheit

Nachdem bestimmte Verbindungen als potenzielle Therapeutika für spezielle Erkrankungen identifiziert worden sind, ist die Beurteilung ihrer Sicherheit ein wichtiger Schlüsselfaktor in der Entscheidung, ob es die Verbindung bis in die Phase der klinischen Erprobung und damit eventuell bis zur Marktreife schafft. Zahlreiche Routinetests am Anfang der Entwicklungskette durchleuchten die Kandidaten auf akute Toxizität. Dazu gehört die Identifizierung einer eventuellen spezifischen Organtoxizität (Leber, Herz), oder von unerwünschten Wirkungen (Nebenwirkungen), wie zum Beispiel Kanzerogenität oder Auslösung von DNA – Mutationen. Zeigen diese frühen Tests keine Nebenwirkungen, tritt die Verbindung in eine spezifischere und langfristige Testphase ein, wobei der Umfang und die Dauer der Tests vom Umfang der geplanten klinischen Studien am Menschen abhängen. Im Laufe der Studien am Menschen werden auch vermehrt langfristige tierexperimentelle Studien durchgeführt, in denen langfristige oder kumulative Wirkungen der Verbindungen auf lebende Organismen identifiziert werden sollen.

Bis heute bestand ein großer Teil der Arzneimitteltests aus tierexperimentellen Studien. Die meisten beantragten Zulassungen erforderten die Durchführung von Toxizitätsstudien sowohl an Nagetieren als auch an anderen Spezies. In den letzten Jahren wurde die Entwicklung schnellerer, kosteneffektiverer und wirkungsvollerer Methoden zum Nachweis der Toxizität enorm vorangetrieben. So wurde zum Beispiel demonstriert, dass nur 70 % der gesamten klinischen Toxizität in den gegenwärtig obligatorischen Tests an den zwei Spezies identifiziert werden konnte; dieser Prozentsatz fällt bei der alleinigen Verwendung von Nagetieren auf 40 %, und auf 60 % bei ausschließlicher Verwendung anderer Spezies (Olson et al. 2000). Lässt man die mit den Tierexperimenten assoziierten ethischen und finanziellen Erwägungen einmal außer Acht, so gibt es immer noch sehr viele Möglichkeiten zur Verbesserung der bis jetzt üblichen Testverfahren zum Nachweis der Sicherheit. Ein kürzlich erschienener Bericht fasst den Umfang der gegenwärtig gebräuchlichen alternativen biologischen Modelle unter Berücksichtigung der Industrie und der rechtlichen Organe zusammen (MacGregor et al. 2001).

Einige der aktuellen Mängel der Verfahren zur Sicherheitsbeurteilung könnten durch die Anwendung der Genomik bei speziellen Aspekten der toxikologischen Studien eventuell beseitigt werden. Wie schon vorher erwähnt, kann die Wirkung von Toxinen auf der Ebene der Gene durch Transkriptom-Profiling überwacht werden. Gegenwärtig gibt es Toxikologie-spezifische Expressionsdatenbasen, die als Public Domain erzeugt werden (z.B. vom Zentrum für Prädiktive Toxikologie des US National Institute of Environmental Health Sciences (NIEHS)) (Bristol et al. 1996), oder als kommerzielle Produkte durch Genomik-Firmen, einschließlich Incyte (Palo Alto, Kalifornien), GeneLogic (Gaithesburg, Massachusetts), CuraGen (New Haven, Conneticut), Phase-I MolecularToxicology (Santa Fe, Arizona), und auch firmenintern bei großen Pharmaproduzenten, z.B. AstraZeneca (Macclesfield, UK) (Pennie et al. 2000), konzipiert werden. Nach Erstellung einer Referenz-Datenbank wäre das endgültige Ziel dieser Technologie die Identifizierung von Gensätzen, die mit einer besonderen Art von Toxizität, zum Beispiel Lebertoxizität assoziiert sind. So könnten schon zu Anfang der Wirkstofffindungsphase neue Verbindungen daraufhin durchleuchtet und die wieder aussortiert werden, die Hinweise auf ein toxisches Potenzial geben (Furness et al. 2000). Diese Technologie könnte ein rasches Screening einer Vielzahl von Verbindungen im Zellmodell gestatten. Auf diese Weise könnte die Anzahl problematischer Verbindungen, die andernfalls im Wirkstofffindungsprozess weiterkommen würden, reduziert werden, was zu Kostensenkungen und Effizienzsteigerungen im Arzneimittelentwicklungsprozess führen würde. Durch die Minimierung der Verbindungen mit Nebenwirkungspotential, die schließlich in die gesetzlich vorgeschriebene Phase der Sicherheitsbeurteilung eintreten, würde darüber hinaus auch die Gesamtzahl der erforderlichen Tierstudien gesenkt werden.

Es ist offensichtlich, dass die Anwendung der Genomik in der präklinischen Sicherheitsbeurteilung im Rahmen des präklinischen Entwicklungsprozesses zunehmend wichtiger werden sollte. So kann sichergestellt werden, dass Wirkstoffkandidaten mit dem besten Sicherheitsprofil schon vor dem Stadium der klinischen Prüfung identifiziert werden können. Die Entwicklungskosten für Wirkstoffe, die sich später als toxisch herausstellen, sind enorm. Die Daten der letzten drei Jahre zeigen zum Beispiel, dass zehn Wirksubstanzen, die es bis auf den Markt geschafft hatten, mittlerweile zurückgezogen wurden.

Auch wenn ein Arzneimittel schon erfolgreich klinisch eingesetzt wird, können unerwünschte Wirkungen von Wirkstoffen oder Wirkstoffkombinationen viele schwere Gesundheitsprobleme oder sogar Todesfälle verursachen. Teilweise ist dies auf unser nur unvollständiges Verständnis des Wirkmechanismus vieler Substanzen zurückzuführen. Für die pharmazeutische Industrie sind daher die Vorteile der frühzeitigen Identifizierung von Toxizitätsprofilen und möglichen Nebenwirkungen enorm.

## Pharmacogenetik

Sequenzdatenbasen basieren auf der Annahme, dass Gensequenzen von einem Individuum zum anderen konsistent sind. Während sich jedoch das Genom zweier beliebiger Personen zu 99,9 % gleicht, ist es die Variation von 0,1 %, die jeden von uns genetisch und phänotypisch zu einem Individuum macht. Das Studium der Information auf der differierenden Gensequenz im Genom verschiedener Individuen gestattet es uns, kleine Bereiche auf dem Genom mit einer genetischen Prädisposition für eine Krankheit zu assoziieren und auch die Mutationen zu identifizieren, die eventuell helfen könnten, Unterschiede in der individuellen Reaktion auf Krankheiten und Arzneimitteltherapien zu erklären. Einerseits gibt es wohlbekannte, vererbbare monogenetische Erkrankungen, wie zum Beispiel Mukoviszidose oder Sichelzellenanämie, bei denen eine einfache genetische Läsion die Erkrankung verursacht. Im Gegensatz dazu ist die genetische Prädisposition zu schweren Erkrankungen wie Krebs, Asthma, Diabetes, Schizophrenie, um nur wenige zu nennen, multifaktoriell und komplex. Bis jetzt ist unklar, wie schwer der genetische Einfluss im Vergleich zum Umwelteinfluss zu beurteilen ist. Die Pharmacogenetik [21] wird jedoch hoffentlich etwas Licht in diese Vorgänge bringen. Dazu gehört zum Beispiel die Identifizierung von Einzelpunktmutationen (Einzelnukleotid [22] – Polymorphismen [23] –

[21] *Pharmacogenetik:* Erforschung der Wirkung von Veränderungen einer Gensequenz auf die Aktivität oder Funktion des kodierten Proteins.

[22] *Nukleotid:* chemischer Grundbaustein der DNA

[23] *Polymorphismus:* Unterschied in der DNA – Sequenz einzelner Individuen

SNPs) in Genen, die mit Krankheiten oder Reaktionen auf Arzneisubstanzen assoziiert werden können. Auch dieser Aspekt der angewandten Genomik hat zu einer großen Anzahl an Hochdurchsatztechnologien zur Identifizierung von SNPs auf interessierenden Gensequenzen geführt (Campbell et al. 2000) und zu ihrer anschließenden Katalogisierung in den relevanten Datenbanken (Zahlreiche Autoren 2001). Bis zum jetzigen Zeitpunkt sind viele Beispiele individueller SNPs, die mit Erkrankungen korrelieren, identifiziert worden, so zum Beispiel der Peroxiom – Proliferationsrezeptor – gamma im Insulin – resistenten Diabetes (Barroso et al. 1999), der Thromboxan A2 – Rezeptor bei Bronchialasthma (Furuta et al. 2000) und das Zytokin Interleukin – 6 bei Morbus Alzheimer.

Neben der Identifizierung von Krankheitsmarkern ist die pharmacogenetische Analyse von Genen, die an Absorption, Distribution, Metabolismus und Exkretion (ADME) von Arzneisubstanzen beteiligt sind, von enormem Wert. Innerhalb der Gesamtbevölkerung gibt es große Variationen bei den klinischen Reaktionen auf bestimmte arzneiliche Wirkstoffe, die eventuell einer Variation der ADME – Gene zuzuschreiben sind (West et al. 1997; Meyer et al. 1997). Gegenwärtig ist bekannt, dass bis zu 30 % der Patienten nicht auf bestimmte Cholesterin – Senker (Statine) ansprechen, bis zu 35 % zeigen keine Reaktion auf Betablocker[24], und bis zu 50 % reagieren nicht auf trizyklische Antidepressiva (Tanne 1998). Schätzungen haben ergeben, dass als Folge der individuellen Variationen bei der Verstoffwechselung der Arzneimittel, durch Unterdosierung, Überdosierung, oder ausgelassene Einnahmen den Vereinigten Staaten jährliche Kosten von über 100 Milliarden US – $ Dollar entstehen, die auf erhöhte Krankenhauseinweisungen, Produktionsverluste und vorzeitige Todesfälle zurückgehen (Marshall 1997). Die bis jetzt festgestellten Variationen können das Ergebnis familiärer Disposition, ethnischer Zugehörigkeit, umweltbedingter Mutationen, oder auch eine Kombination aller drei Faktoren sein. Welche Ursache auch zugrunde liegt, die Anwendung der Pharmacogenetik wird die Effektivität klinischer Studien erhöhen und wird letztendlich zu einer effektiveren und maßgeschneiderten Arzneimittelverschreibung an den Einzelnen führen.

---

[24] *Betablocker*: Substanz, welche die Aktivität der Betarezeptoren für Adrenalin blockiert und hauptsächlich zur Therapie von Angina Pectoris und Bluthochdruck eingesetzt wird.

## Strukturelle Genomik

Nach einer gründlichen Analyse von Expressionsdatenbasen und Identifizierung von Genkandidaten, die als therapeutische Ziele interessant sind, können diese potenziellen Targets auf die nächste Informationsebene verschoben werden: die Definition der Proteinstruktur und – funktion, die durch Vergleich mit allen Proteinsequenzen, die in öffentlich zugänglichen Datenbanken verfügbar sind, möglich ist (Mehrere Autoren 2001; Tatusov et al. 1997). Früher bezog man die Informationen über die Proteinstruktur aus einer Vielzahl physikalischer Methoden, einschließlich der Röntgenkristallographie [25]. Obwohl diese Techniken mittlerweile zwar Routine, aber dennoch kompliziert sind, werden *in silico* neue Ansätze entwickelt, strukturelle Charakteristiken neuen, unbekannten Proteinen zuzuordnen (Fagan et al. 2000). Der Wert der strukturellen Genomik ergibt sich aus der Identifizierung medikamentös behandelbarer Targets durch strukturellen Vergleich mit gegenwärtigen Targets, und aus der Vorhersage der strukturellen Konsequenz eines SNP. Zum Beispiel: Führt eine Sequenzänderung zur Herstellung eines Proteins in kürzerer Form oder zur Generierung einer unterschiedlichen Gensequenz, dann hat das schließlich produzierte Enzym eine unterschiedliche Struktur und verhält sich deswegen auch anders. Auch hier stammen die Vorteile dieser Technologien aus einer informierten Auswahl neuer Targets. In Zukunft werden sich molekulare, auf Biologie basierende genomische Technologien zum virtuellen Arzneimitteldesign verbinden, wie momentan von Firmen wie Structural Bioinformatics Inc. (San Diego, Kalifornien) und DeNovo Pharmaceuticals (Cambridge, UK) entwickelt.

## Funktionale Genomik

Während viele Genkandidaten aufgrund der gründlichen Analyse der Expressionsdaten ausgewählt werden können, kann man das Problem auch von der anderen Seite beleuchten und die Frage stellen, was das Gen zur Funktion einer Zelle oder eines Organismus beiträgt. Das Konzept der funktionalen Genomik hat sich rund um den Bereich der transgenen Tiere (bei denen ein Gen angemessen überexprimiert wird [26] und der so genannten knock – out Tiere (bei denen ein Gen komplett gelöscht ist) entwickelt, sowie um die Charakterisierung

---

[25] *Röntgenkristallographie:* Methode zur Bestimmung der 3D – Struktur von Proteinen.

[26] *Überexprimiertes Gen:* ein in übergroßen Mengen transkribiertes Gen, was meist zu einem Anstieg des Proteins führt, für das das Gen kodiert

des daraus folgenden Phänotyps. Viele dieser Tiere dienen aufgrund ihrer spezifischen Pathologie als nützliche Modelle für Arzneimitteltests, aber auch zur Herstellung einer kausalen Verbindung zwischen der selektierten Genexpression und der Pathologie. Die Erzeugung transgener/knock–out–Tiere ist ein langsamer Prozess, der bei Mäusen Monate in Anspruch nimmt. Als schnellere Alternative mit höherem Durchsatz als bei Säugetierspezies möglich, wurden in den vergangenen Jahren zunehmend niedrigere Tierspezies verwendet, einschließlich Hefe (*Saccharomyces cerevisiae*), Nematoden (*Caenorhabditis elegans*) und Fruchtfliegen (*Drosophila melanogaster*). Durch eine Kombination von Genetik und Genomik wurden Gene identifiziert, die für eine Vielzahl verschiedener biologischer Schlüsselprozesse essentiell sind. In der Modellierung biologischer Prozesse in Modellorganismen zur Identifizierung von Genen in kritischen biologischen Prozessen liegt ein großer Vorteil. Dies wurde eindrucksvoll durch die Identifizierung des CED3–Zelltodgens in *C. elegans* demonstriert, dessen Homologa eine wichtige Rolle bei der Kontrolle des Überlebens von Zellen in allen bis jetzt studierten Säugetiersystemen spielen (Yuan et al. 1993). Zur Weiterverfolgung dieses Ansatzes gibt es nun viele Plattformen zur Targetfindung/Wirkstofffindung auf der Grundlage der Genomik (zum Beispiel Exelexsis (San Francisco, Kalifornien), PPD (Hayward, Kalifornien), Galapagos (Leiden, Niederlande), Cellomics (Pittsburgh, Pennsylvania)), die auf niedrigeren Organismen oder Säugetier–Zellkultursystemen basieren, die von einer Phänotyp–Selektion abhängen. In diesen Systemen werden Genkandidaten mit Hilfe der klassischen Genetik oder durch Gen–Targeting in die Wirtszelle eingebracht oder gelöscht. Zellen mit verändertem Phänotyp werden isoliert, und das für den Defekt verantwortliche Gen wird identifiziert. Auf diese Weise können potenzielle Wirkstoffziele charakterisiert und dadurch ihre Funktion identifiziert werden. Gelegentlich gestattet uns das Wissen über die Funktion des potenziellen Wirkstoffziels auch die Identifizierung einer Anzahl von Wirkstoffen, die wahrscheinlich auf die Funktion des Ziels eine Wirkung ausüben.

## Andere von der Genomik betroffene Industriezweige

Bisher haben wir nur über die möglichen Auswirkungen der Genomik auf die pharmazeutische und die Biotech–Industrie gesprochen. Viele dieser Anwendungen lassen sich aber auch auf andere Industrien übertragen. Im folgenden Abschnitt sollen einige Beispiele für derartige Anwendungsmöglichkeiten angesprochen werden.

## Veterinärmedizin und Tiergesundheit

Ein Großteil der genomischen Technologie, die sich auf die Erstellung der menschlichen Gensequenz konzentriert hatte, wurde parallel dazu auch bei einer Reihe von Tierspezies angewandt, zum Beispiel bei Modellversuchstieren wie Ratten und Mäusen, aber auch bei wirtschaftlich wertvollen Tieren, wie Rindern, Schweinen und Hühnern. Die Sequenzierung dieser Tiergenome führt zu einem besseren Verständnis der Tierkrankheiten, der Folgen von Parasitenbefall und äußerlich einwirkenden Substanzen und möglicherweise auch der Wirkung von Tierarzneimitteln. Im Falle von wirtschaftlich wertvollen Tieren kommt noch der Aspekt der Genmanipulation hinzu, um zum Beispiel größere Tiere oder Exemplare mit magererem Fleisch zu erzeugen und so den historischen Prozess der Kreuzung zu beschleunigen, der die kommerziell wertvollen Attribute des Tieres verstärken soll.

Offensichtlich gibt es in der Veterinärmedizin Überschneidungen mit der Humanmedizin, einige Medikamente werden sowohl für den Menschen als auch für tierische Spezies eingesetzt (Antibiotika, Sedativa, Hormonpräparate). All diese Medikamente müssen einen ähnlichen Weg mit sicherheitsrelevanten Studien oder Absicherung der rechtlichen Aspekte durchlaufen wie die Humanarzneimittel.

## Lebensmittelindustrie

Der erste offensichtliche Einsatz der Genomik erfolgt bei der Identifizierung von Genomsequenzen bei landwirtschaftlichen Nutzpflanzen. Die Identifizierung der Gene innerhalb dieser Genome, die zu positiven Attributen führen, ermöglicht es, Pflanzen mit größerer Widerstandskraft gegen Trockenheit, erhöhter Resistenz gegen Parasitenbefall oder Infektionen oder auch mit erhöhtem Nährwert zu erzeugen (Maleck et al. 2000). In akademischen und kommerziellen Forschungslabors wurden bereits große Bemühungen in Richtung Nährwerterhöhung investiert, wie zum Beispiel die Erzeugung von Nutzpflanzen wie "Goldener Reis", der Vitamin A produziert, das normalerweise in dieser Pflanzengattung kaum vorkommt (Schiermeier 2001). Dies erhöht potenziell den Nährwert von Reis in Ländern der so genannten Dritten Welt, wo Reis zu den Grundnahrungsmitteln gehört, und gleichzeitig der Vitaminmangel ein schweres Gesundheitsproblem darstellt.

Dies führt zu dem neuen Wachstumsbereich der so genannten "functional foods". Dabei handelt es sich um Nahrungsmittel, die bestimmte physiologische Parameter beim Konsumenten erhöhen können (German et al. 1999). Ein weit publiziertes jüngeres Beispiel ist Benecol®(Johnson & Johnson), welches Phytosterine (ein spezielles, in Pflanzen vorkommendes Lipid oder Fett) bei der Herstellung einer Anzahl von Milchprodukten oder Milchersatzprodukten verwendet, die angeblich nachgewiesenermaßen bei einigen Konsumenten zu gesenkten Cholesterinwerten geführt haben. Dieser ganze Bereich wird gerade lebhaft diskutiert, und besonders der Aspekt, inwieweit für diese Nahrungsmittel Sicherheitsstudien obligatorisch sein sollten – fallen Nahrungsmittel wie Benecol®unter Zusatzstoffe oder sollten sie strengeren Überprüfungen unterzogen werden? (Jakobson et al. 1999). Es besteht kein Zweifel, dass auch in der Vergangenheit solche Lebensmittelzusatzstoffe durchaus gesundheitliche Vorteile hatten, so wie Jodsalz (Meersalz), das zur Beseitigung des Jodmangel – Kropfes[27] eingesetzt wird, oder auch mit Haferkleie angereicherte Getreideprodukte, die helfen können, das Risiko einer Herzkrankheit zu minimieren. Aber immer noch ist bezüglich der Einbeziehung von Nahrungsergänzungsmitteln in gesetzgeberischer Hinsicht große Vorsicht angebracht, damit die Bedenken der Öffentlichkeit entkräftet werden können und die Verbraucher vor Scharlatanen geschützt werden, die eventuell von einem Markt profitieren wollen, der allein in den USA einen geschätzten jährlichen Wert von 12 Milliarden US – $ hat (Brown D. 1999). Die Anwendung genomischer Technologien auf diese Produkte hilft uns beim besseren Verständnis ihrer Wirkung auf den Konsumenten und könnte auch in die Testverfahren zur Überprüfung ihrer Sicherheit integriert werden, die heute schon für Nahrungsmittel gelten.

## Persönliche Gesundheitspflege

Der Industriesektor der Gesundheitspflege umfasst ein weites Gebiet, das von der Herstellung von Shampoo, Parfums, Sonnenschutzcremes bis zur Zahnpasta reicht, um nur einige wenige Beispiele zu nennen. All diese Produkte müssen im Kontext ihrer Anwendung entwickelt werden. So sind zum Beispiel detaillierte Kenntnisse über den Aufbau und die Funktion der Haut unverzichtbare Schlüsselfaktoren für die Entwicklung geeigneter Hautpflegemittel. Wir müssen die pathologischen Veränderungen in einer sonnengeschädigten Haut kennen und müssen genau wissen, was geschieht, wenn sie entzündungshemmenden Substanzen ausgesetzt wird oder inwieweit Keime in der Mundhöhle von den Komponenten einer Zahnpasta beeinflusst werden. All diese grund-

[27] *Kropf:* stark vegrößerte Schilddrüse, in manchen Fällen auf Jodmangel zurückzuführen

legenden Fragen können in der selben Weise in Angriff genommen werden wie die Biologie der Krankheiten, wenn wir all die zuvor besprochenen genomischen Methoden anwenden. Zusätzlich müssen sich all diese Produkte und/oder ihre Bestandteile vor ihrer Vermarktung umfangreichen Sicherheitstests unterziehen. Auch hier sehen wir die potenziellen Auswirkungen der genomischen Verfahren auf die Sicherheitsbeurteilung, die auch hier Anwendung finden können.

Auch gibt es gewisse Überschneidungen zwischen der Pharma –, der Nahrungsmittel – und Gesundheitspflegeindustrie, denn die Sicherheit sämtlicher Produkte muss in Menschenstudien nachgewiesen werden. Ein Teil dieser Synergie hat schon zu Allianzen zwischen diesen anscheinend getrennten Industrien geführt, um eine Anzahl der Schlüsselthemen bei der Sicherheitsbeurteilung anzusprechen (Basketter et al. 2000), wie schon an früherer Stelle in diesem Kapitel besprochen.

## Agrochemikalien

Die agrochemische Industrie könnte fast unter den gleichen Gesichtspunkten betrachtet werden wie die pharmazeutische Industrie, denn das Ziel der Entwicklung einer Agrochemikalie ist normalerweise die Vernichtung von Ungeziefer und Schädlingen der Nutzpflanzen. In diesem speziellen Fall müssen wir die Biologie der Pflanzen kennen, sowie der Pathogene oder Parasiten, die sie befallen. Dann können wir genomische Methoden zur Identifizierung der Gene anwenden, die in dem Pathogen oder den Parasiten, nicht jedoch in den Pflanzen vorhandenen sind. Erst dann können wir mit der Herstellung selektiv wirkender Toxine gegen die Infektion oder den Befall beginnen. Natürlich müssen wir dabei über die Genome und die Genetik der vielen anderen Spezies, besonders die der Menschen, Bescheid wissen und uns sicher sein, dass diese Gene nur dem Parasiten gehören und keinem anderen Organismus. Zum Beispiel hat die spezifische Ansteuerung von Proteinen, die für den Stoffwechsel von Lanosterin (Fettart) in den Zellwänden von Pilzen verantwortlich sind, zur Rezeptur “Pilz – spezifischer” Wirkstoffe wie Fluconazol geführt (Kowalsky 1991).

## Ökologie und Umwelt – Monitoring

Während es in den Diskussionen bis jetzt meist um die potenzielle Wirkung von Genomtechnologien in der Industrie ging, worauf sich dieses Kapitel auch hauptsächlich konzentriert, soll doch erwähnt werden, dass diese Technologien die Möglichkeit in sich tragen, auch auf die so genannten "grünen" Themen angewandt zu werden, wie die Überwachung der Umwelt und das ökologische Monitoring zeigen. Der eindrucksvollste Beweis dafür ist die Anwendung von Transkriptom – Profiling zur Identifizierung der Wirkung unterschiedlicher Schadstoffebenen auf Menschen, Tiere und Pflanzen. In dieser Situation, beim Vergleich der Expressionsprofile eines mit einem Schadstoff oder einer toxischen Substanz behandelten Organismus mit den Expressionsprofilen des selben, normalen, unbehandelten Organismus und mit Profilen, die zuvor bei bekannten Stoffen gesehen wurden, können wir mit der Identifizierung des wahrscheinlichen Verursachers beginnen. Gleichzeitig verstehen wir die Wirkung, die der Stoff auf das biologische System als ganzes hat. So wurden zum Beispiel Studien über eine mit einem Herbizid behandelte Hefe durchgeführt, in denen die Wirkung auf den gesamten Organismus identifiziert wurde. Zur Überwachung von Veränderungen im Transkriptomprofil wurden Microarrays verwendet (Jia et al. 2000).

Der Bereich der Genomik hat im letzten Jahrzehnt ein exponentielles Wachstumsverhalten gezeigt, und die Sequenzierung des menschlichen Genoms durch das Humangenom – Projekt kann als ein Höhepunkt menschlicher Bestrebungen gesehen werden. In der Diskussion über den Einsatz der Genomik in der Industrie wurden nur einige wenige der privaten und öffentlichen Organisationen und Firmen erwähnt, die gegenwärtig auf diesem Gebiet einen Beitrag leisten. Aus den herangezogenen Beispielen wird jedoch klar, dass das Wissen, das sich langsam aus dem Humangenom – Projekt entwickelt, wahrscheinlich eine enorme Wirkung auf einen großen Bereich der Industrie hat, und im täglichen Leben vielen Menschen auf der ganzen Welt zahlreiche Vorteile bringt.

## Literatur

Adams, M.D. et al. "3 400 new expressed sequence tags identify diversity of transcripts in human brain", *Nat. Genet.*, 4 (1993), S. 256

Alizedah, A. A., et al. "Distinct types of diffuse large B – cell lymphoma identified by gene expression profiling", *Nature*, 403, (2000) S. 503

Bailey, D.S., et al. "Pharmacogenomics – it's not just pharmacogenetics", *Curr. Opin. Biotech.*, 9, (1999), S. 595

Barroso, I., et al. "Dominant negative mutations in human PPAR$-\gamma$ associated with severe insulin resistance, diabetes mellitus and hypertension." *Nature*, 402, (1999), S. 880

Basketter, D.A. et al. "Use of the local lymph node assay for the estimation of relative contact allergenic potency", *Contact Dermatitis*, 42, (2000, S. 344

Beeley, L.J. et al. "The impact of genomics on drug discovery", *Prog. Med. Chem.*, 37, (2000), S. 1

Bhojak, T.J., et al. "Genetic polymorphisms in cathepsin – D and interleukin – 6 genes and the risk of Alzheimer's disease", *Neurosci. Lett*, 288, (2000), S. 21

Bristol, D.W., et al. "The NIEHS Predictive – Toxicology Evaluation Project", *Envir. Health Persp.,* 104, suppl. 5 (1996), S. 1001

Brown, D. "FDA Commissioner enters war over words", *Washington Post*, A31, v. 26. März 1966

Brown, P., et al. "Exploring the new world of the genome with DNA microarrays", *Nature Genet.*, 21. Ergänzung, (1999), S. 33

Campbell D.A., et al. "Making drug discovery a SN(i)P", *DDT*, 5, (2000), S. 388

Celis J.E., et al. "2D protein electrophoresis: can it be perfected?" *Curr. Opin. Biotech.*, 10, (1999), S. 16 – 21

Celis J.E. et al. "Gene expression profiling: monitoring transcription and translation products using DNA microarrays and proteomics", *FEBS Lett.*, 480, (2000), S. 2

Chouchane, L. "A repeat polymorphism in interleukin – 4 gene is highly associated with specific clinical phenotypes of asthma", *Int. Arch. Allergy Immunol.*, 120, (1999), S. 50

Davis, H.A. "The protein chip system from Ciphergen", *J. Mol. Med.*, 78, (2000), B 29

Dickson, D., et al. "Commercial Sector Scores Success with Whole Rice Genome", *Nature*, 409, (2001), S. 551

DiMasi, J.A., et al. "Cost of innovation in the pharmaceutical industry", *J. Health Econ.*, 10, (1991), S. 107

DiMasi, J.A. et al. "Research and development costs for new drugs by therapeutic category: a study of the US pharmaceutical industry", *Pharmacoeconomics,* 7, (1995), S. 152

Drews, J. J. "Drug Discovery: A Historical Perspective", *Science,* 287, (2000), S. 1960

Duggan, D. J. et al. "Expression profiling using cDNA microarrays", *Nature Genet.*, 21. Ergänzung, (1999), S. 10

Dunn, M.J."Studying heart disease using the proteomic approach", *DDT*, 5, (2000), S. 76

Fagan, R., et al. "Bioinformatics, target discovery and the pharmaceutical/biotechnology industry", *Curr. Opin. Mol. Ther.*, 2, (2000), S. 655

Fisher, D.A. et al. "Isolation and Characterization of PDE9A, a Novel Human cGMP – specific Phophodiesterase", *J. Biol. Chem.* 273, (1998), S. 15559

Friedmann, T. "Human Gene Therapy – an immature genie, but certainly out of the bottle", *Nature Med.*, 2, (1996), S. 144

Furness, L. M. et al. "Expression databases – resources for pharmacogenetic R & D." *Pharmacogenomics*, 1 (2000), S. 281

Furuta, A.M., et al. "Association studies of 33 single nucleotide polymorphisms (SNP)s in 29 candidate genes for bronchial asthma: positive association with a T924C polymorphism in the thromboxane – A2 receptor gene", *Hum. Genet.*, 106, (2000), S. 440

German, B. et al. "The development of functional foods: lessons from the gut", *TIBTECH,* 17, (1999), S. 92

Getz, K. A., et al. "Breaking the development speed barrier: assessing successful practices of the fastest drug developing companies." *DIJ*, 34, (2000), S. 725

Golub, T.R. et al. "Molecular classification of cancer; class discovery and class prediction by gene expression monitoring", *Science*, 286, (1999), S. 531

Jacobson, M.F., et al. "Functional Foods: health boon or quackery?" *BMJ*, 319, (1999), S. 205

Jia, M.H. et al. "Global expression profiling of yeast treated with an inhibitor of amino acid biosynthesis, sulfometron methyl", *Physiol. Genomics*, 3, (2000), S. 83

Kowalsky, S.F. et al. "Fluconazole: a new antifungal agent", *Clin. Pharm.* 10, (1991), S. 179

Kumar A. et al. "Chemical nanoprinting: a novel method for fabricating DNA microchips", *Nuc. Acids Res.,* 29, (2002), S. 2e

Lipshulz, R.J. et al. "High density synthetic oligonucleotide arrays", *Nature Genet.*, 21. Ergänzung, (1999) S. 20

MacGregor, J.T., et al. "*In vitro* tissue models in risk assessment: report of a consensus – building workshop", *Toxicol. Sci.,* 59, (2001), S. 17

Madden, S.L., et al. "Serial analysis of gene expression: from gene discovery to target identification", *DDT*, 5, (2000), S. 425

Maleck, K. et al. "The transcriptome of Arabidopsis thaliana during systemic acquired resistance", *Nature Genet.*, 26, (2000), S. 403

Marshall, A. "Getting the right drug into the right patient", *Nature Biotech.*, 15, (1997), S. 1249

Meyer, U.A. et al. "Molecular mechanisms of genetic polymorphisms of drug metabolism", *Ann Rev. Pharmacol. Toxicol.* 37, (1997), S. 269

Mehrere Autoren, "The 2001 Database Issue", *Nuc. Acids Res.*, 29 (2001)

Olson, H. et al. "Concordance of the toxicity of pharmaceuticals in humans and in animals", *Regul. Toxicol. Pharmacol.*, 32, (2000), S. 56

Page, M.j. et al. "Proteomic definition of normal human luminal and myoepithelial breast cells purified from reduction mammoplasties", *Proc. Nat. Acad. Scie.*, USA 96, (1999), S. 12589

Pennie, W.D., et al. "The Principles and Practice of Toxicogenomics: Applications and Opportunities", *Toxicol. Sci.*, 54, (2000), S. 277

Persidis, A. "Bioinformatics", *Nature Biotech.* 17, (1999), S. 828

Prashar, Y. et al. "Analysis of differential gene expression by display of 3'end restriction fragment of cDNAs", *Proc. Nat. Acad. Sci.,* USA 93, (1996), S. 659

Qureshi A.Q., et al. "Large – scale functional analysis using peptide or protein arrays", *Nature Biotech.*, 18, (2000), S. 393

Rinninger, J. A. et al. "Differential gene expression technologies for identifying surrogate markers of drug efficacy and toxicity", *DDT*, 5, (2000), S. 560

Schiermeier, Q. "Designer rice to combat diet deficiencies makes its debut", *Nature*, 409, (2002), S. 551

Shiffman, D., et al. "Large scale gene expression analysis of cholesterol – loaded macrophages", *J. Biol. Chem.*, 275, (2000), S. 37324

Schneider, J., "From sequence to sales: the genomics payoff." *R & D Directions*, April, (2000), S. 38 – 48

Schuler, G. D. "Pieces of the puzzle: expressed sequence tags and the catalog of human genes", *J. Mol. Med.*, 75, (1997), S. 694

Smaglik, P. "Congress gets tough with gene therapy", *Nature,* 403, (2000), S. 583

Somerville, C., et al. "Plant Functional Genomics", *Science*, 285, (1999), S. 380

Southern, E., et al. "Molecular interactions on microarrays", *Nature Genet.*, 21. Ergänzung, (1999), S. 5

Strader, C.D., et al. "Molecular approaches to the discovery of new treatments for obesity", *Curr. Opin. Chem. Biol.,* 1, (1997), S. 204

Tanne, J.H. "The new world in designer drugs." *BMJ*, 316, (1998), S. 1930

Tatusov R.L., et al. "A genomic perspective on protein families", *Science*, 278, (1997), S. 631

Vasmatzis, G., et al. "Discovery of three genes specifically expressed in human prostate by expressed sequence tag database analysis", *Proc. Nat. Acad. Sci.*, USA 95, (1998), S. 300

West, W.W. et al. "Interpatient variability: genetic predisposition and other genetic factors", *J. Clin. Pharmacol.,* 37, (1997), S. 635

Williamson, A.R. "The Merck Gene Index project", *DDT*, 4, (1999), S. 115

Yuan, J. et al. "The *C. elegans* cell death gene CED3 encodes a protein similar to mammalian interleukin – 1beta – converting enzyme", *Cell*, 75, (1993), S. 641

# Das Humangenom: persönliches Eigentum oder gemeinsames Erbe?

Prof. Bartha Maria Knoppers

Die Vorstellung einer Eigentümerschaft am menschlichen Genmaterial war und ist ein kontrovers diskutiertes Thema. Die Nutzung der menschlichen Gene und der darin enthaltenen Informationen ist von großem Wert im reproduktiven, therapeutischen und kommerziellen Bereich. Dasselbe trifft auf die Genome von Pflanzen und Tieren zu, aber auf symbolische und politische Weise hat der Gedanke einer Eigentümerschaft an menschlichem Genmaterial größere Aufmerksamkeit erregt.

Noch immer macht die Rechtsprechung einen Unterschied zwischen Personen und Sachen, aber die Möglichkeit einer Patentierung menschlicher Gene schafft eine Verbindung dieser beiden Aspekte. Des weiteren verliert die Vorstellung einer individuellen Eigentümerschaft angesichts der Begriffe Einverständnis und Kontrolle zunehmend an Bedeutung, ganz ungeachtet ihrer rechtlichen Charakterisierung. Schließlich wird der Begriff der individuellen "Eigentümerschaft" im Kontext der menschlichen Genforschung und der DNA-Banken von den Interessen der Gemeinschaften und der Bevölkerung an einer gemeinsamen Nutzung der Vorteile begleitet. Vielleicht können wir mit zunehmendem Verständnis für die Humangenetik und für die gesetzliche Grundlage des Begriffs des gemeinsamen Erbes der Menschheit die Debatte vom Begriff der Eigentümerschaft weg lenken und eher Verfahren entwickeln, die sowohl die individuelle Kontrolle als auch die der Gemeinschaften und Bevölkerungen stärken und anerkennen.

## Personen und Sachen: der klassische Unterschied

Der Begriff der Sache bezieht sich nicht nur auf Rechte an materiellen Objekten, sondern auch an nicht greifbaren Dingen, wie zum Beispiel an geistigem

Eigentum. Die Rechte, die eine Sache ihrem Eigentümer verleiht, können auf ein einfaches Verwendungsrecht beschränkt sein oder sich auf das Recht der Veräußerung und damit auf Profit ausdehnen. Es versteht sich im Allgemeinen von selbst, dass der menschliche Körper nicht verkauft oder anderweitig kommerziell genutzt werden kann, wie in der Abschaffung der Sklaverei exemplarisch festgelegt.

In keinem Streitfall wurde explizit behauptet, dass genetisches Material und die darin enthaltenen Informationen Eigentum oder Teil der Person sind [1]. Lässt man menschliche Organe, Geschlechtszellen oder Embryonen beiseite und konzentriert sich ausschließlich auf die menschlichen Gene, so wird die Bedeutung solch einer Charakterisierung der politischen Aufmerksamkeit sicher nicht entgehen, weder auf internationaler, noch auf regionaler oder nationaler Ebene.

Repräsentativ für die internationale Haltung ist die Allgemeine Erklärung der UNESCO von 1997 über das Humangenom und die Menschenrechte, die feststellt, "dass das menschliche Genom in seinem natürlichen Zustand nicht zu Gewinnzwecken eingesetzt werden darf"(Artikel 4). [2]. Diese Position charakterisiert nicht das menschliche Genmaterial, sondern hält den Grundsatz aufrecht, dass es keinen kommerziellen Zwecken dienen darf. Genauso stellte die Europäische Konvention für Menschenrechte und Biomedizin im selben Jahr fest, dass "der menschliche Körper und seine Bestandteile als solche nicht zu Gewinnzwecken eingesetzt werden dürfen" (Artikel 21). [3]. Aber diese Proklamationen entsprangen wohl eher dem Wunsch, die andauernde Debatte zu beeinflussen, als dass sie beabsichtigten, das menschliche Genmaterial zur "Person" zu erklären.

In der Realität von Forschung, Pharmacogenetik und der DNA-Datenbanken sind der Prozess der Einverständniserklärung und die Möglichkeit der eventuellen Kommerzialisierung in der Tat gleich, ob man vom Aspekt der Person oder der Sache ausgeht. Obwohl sich dieser Beitrag nicht mit Gendatenbanken beschäftigt, ist der Hinweis interessant, dass sogar in Ländern

---

1 *Moore gegen Regents der Universität Kalifornien*, 271 Cal. Rptr 146 (Cal. S.C.1990) Dieser Fall regelte nicht die Eigentumsfrage, sondern behauptete, dass es sich um eine Einverständniserklärung handele

2 Allgemeine Erklärung der UNESCO über das menschliche Genom und die Menschenrechte, Website siehe *Anhang II*

3 Der vollständige Text der Konvention zum Schutze der Menschenrechte und Würde des Menschen (4. April 1997) bezüglich der Anwendung von Biologie und Medizin ist einsehbar unter: http://book.coe.fr/conv/en/ui/frm/f164 – e.htm

wie Frankreich, wo das Gen in seinem natürlichen Zustand nach dem Gesetz der Bioethik von 1994 nicht als Erbe beschrieben wird, oder in den amerikanischen Bundesstaaten, die den Genetic Privacy Act übernommen haben, der das Genmaterial als Sache bezeichnet, die Möglichkeiten der Einverständniserklärung für freiwillige Teilnehmer an Datenbankprojekten dieselben sind. Überdies wird der Teilnehmer einfach darüber informiert, dass die Forschungsergebnisse letztendlich vielleicht doch kommerziell genutzt werden und zu geistigem Eigentum, zum Beispiel einem Patent führen können, was für den Teilnehmer aber mit keinem persönlichen finanziellen Vorteil verbunden ist (Knoppers 1999). Daher konzentriert sich die Debatte weniger darauf, ob es sich um eine Person oder eine Sache handelt, als auf das Thema Genpatentierung.

## Genpatentierung

Seit 1992 beharrt die Humangenom – Organisation (HUGO) auf der Nicht – Patentierbarkeit der menschlichen Gensequenzen unbekannter Funktion. Dennoch waren die Debatte und die Streitfragen solcher Art, dass die EU – Direktive von 1998 bezüglich des rechtlichen Schutzes biotechnologischer Erfindungen [4] erst nach einem Jahrzehnt fertiggestellt war. Diese Direktive wiederholte das Prinzip der Nicht – Kommerzialisierung und somit der Nicht – Patentierbarkeit der DNA – Sequenzen wie folgt:

"Der menschliche Körper auf den verschiedenen Stufen seiner Entstehung und seiner Entwicklung, wie auch die einfache Entdeckung eines seiner Bestandteile, einschließlich einer Gensequenz oder Teilsequenz, können keine patentierbaren Erfindungen darstellen." (Artikel 5.1). Nach Artikel 6 kann sogar eine patentierbare Erfindung ausgeschlossen werden, wenn sie der öffentlichen Ordnung oder der öffentlichen Moral entgegensteht. Des weiteren fordert die Bestimmung, dass die Person, deren DNA in die Datenbank aufgenommen werden soll, einer eventuellen Kommerzialisierung nach Landesrecht zustimmen muss (Bestimmung 26).

Obwohl durch diese Direktive die Debatte eigentlich hätte beendet sein müssen, haben zwei politische Ereignisse demonstriert, dass das Thema der Patentierung immer noch sehr aktuell ist. Im März 2000 verkündeten sowohl

[4] EU Direktive 98/44/EC des Europaparlaments und des Rates vom 6. Juli 1998 über den rechtlichen Schutz biotechnologischer Erfindungen, L 213 Amtsblatt (30. Juli 1998), S. 0013 – 0021 ist einsehbar unter: http://europa.eu.int/eur – lex/en/lif/dat/1998/en_398L0044.html

Tony Blair, Premierminister des Großbritanniens und Bill Clinton, damaliger Präsident der Vereinigten Staaten, dass Gensequenzen unbekannter Funktion Teil des öffentlichen Eigentums seien (siehe unten, Gemeinsames Erbe). Darüber hinaus wandte sich das Nationale Ethikkomitee Frankreichs, [5] das sich zehn Jahre lang an den zur Direktive führenden Verhandlungen beteiligt hatte, im Juni 2000 gegen die Direktive.

Das französische Ethikkomitee nahm die Position ein, dass die bloße Isolierung und das Klonen von Genen keine Erfindung, sondern eine einfache Entdeckung sei. Dies war schon Teil des öffentlichen Wissens, denn die wirtschaftliche Nutzbarkeit musste sich ja erst erweisen. Das Komitee behauptete auch, dass die Direktive sich gegen das Bioethik – Gesetz von 1994 wandte, obwohl das Gesetz schon in Kraft war, als Frankreich sich an der Debatte beteiligte, die schließlich zur Annahme der Direktive führte. Diese angeblichen Zweideutigkeiten veranlassten das Ethikkomitee, Frankreichs Einhaltung der Direktive in Frage zu stellen.

Die Haltung des französischen Ethikkomitees überrascht um so mehr, wenn man bedenkt, dass die Direktive selbst weitere Erklärungen und Abgrenzungen der möglichen Interpretationen von Artikel 5.1 [6] und 5.2 [7] enthält. So wird in Artikel 5.3 verlangt, dass die industrielle Anwendung klar beschrieben wird, und Bestimmung 24, die weitere Anhaltspunkte für eine Interpretation liefert, fordert, dass bei Verwendung einer Sequenz zur Herstellung eines Proteins, das genaue Protein oder seine Funktion offen gelegt werden. Artikel 7 überträgt der Europäischen Gruppe für Ethik in Wissenschaft und Technologie die Verantwortung für die Bewertung aller ethischen Fragen in der Biotechnologie.

Am 5. Januar 2001 verkündete das Patent– und Warenzeichenamt der USA, dass es Patente zurückweisen würde, wenn der Antragsteller nicht mindestens einen "spezifischen, glaubhaften und bedeutenden Nutzen für das

---

5 Nationales Beratendes Ethikkomitee, Stellungnahme Nr. 65 über einen Gesetzentwurf zur Übernahme in den Code bezüglich geistigen Eigentums der EU Direktive 98/44/EC vom 6. Juli 1998 über den gesetzlichen Schutz biotechnologischer Erfindungen (8. Juni 2000), http://www.ccne – ethique.org/english/start.htm

6 EU Direktive 98/44/EC, Anmerkung 5, Artikel 5.1

7 EU Direktive 98/44/EC, Artikel 5.2: Ein vom menschlichen Körper isoliertes oder anderweitig durch ein technisches Verfahren hergestelltes Element, einschließlich einer Gensequenz oder Teilsequenz, kann eine patentierbare Erfindung darstellen, auch wenn die Struktur dieses Elementes mit der des natürlichen Elementes identisch ist.

Gen[8] angeben würde. Das Hauptziel ist hier die Abschreckung von Antragstellern, die eine Sequenzierung von Genen oder Genfragmenten von oft begrenztem oder spekulativem Nutzen betreiben. So ist es nicht länger möglich, aufgrund der bloßen Angabe, dass ein neu sequenziertes Gen als molekulare Sonde zum Nachweis desselben Gens im menschlichen Organismus genutzt werden könne, ein Patent zu erhalten. Nun muss der Antragsteller glaubhaft machen, warum der Nachweis dieses bestimmten Gens so wichtig ist, zum Beispiel wenn Assoziationen mit einer Krankheit bestehen.

Es soll erwähnt werden, dass am 19. Juni 1999 die Administration der Europäischen Union die Erfordernisse für die Implementierung der Direktive ergänzte. Dies wird gegenwärtig auf Patentanmeldungen in den15 Ländern der Europäischen Union angewandt[9]. Einfach ausgedrückt: Durch die vermehrt restriktiven Interpretationen der nachweisbaren industriellen Anwendung (Nutzen) wird eine höhere Sicherheit über das Thema der Genpatentierung erreicht.

Können wir nun, da die Kriterien der Patentierbarkeit geklärt und eingegrenzt sind, davon ausgehen, dass das Thema der Eigentümerschaft ausdiskutiert ist und wir uns auf die Bedingungen für das Einverständnis und die Kontrolle bei der Sammlung der DNA – Muster konzentrieren können? Das ist nicht wahrscheinlich, denn sogar die Vorstellung einer individuellen Einverständniserklärung wird zunehmend von den Ansprüchen der Gemeinschaften und der Bevölkerung begleitet, an dem Prozess des Einverständnisses teilzuhaben und auch an eventuellen finanziellen Gewinnen beteiligt zu werden.

## Populationen und die gemeinsame Nutzung

Am 9. April 2000 erließ das Ethikkomitee der Humangenom – Organisation (HUGO) seine Erklärung über "die gemeinsame Nutzung"[10]. Sie führte drei grundsätzliche Argumente für eine gemeinsame Nutzung an: Erstens: Wir haben 99.9 % unserer Gene mit allen anderen Menschen gemeinsam. Im Interesse der menschlichen Solidarität schulden wir einander einen Anteil an

---

8 Wirtschafts- ministerium, Patent – und Warenzeichenamt "Richtlinien zur Überprüfung des Nutzens" (5. Januar 2001), 66 *Federal Register* 1092

9 Verwaltungsrat der Europäischen Patentorganisation, *Entscheidung des Verwaltungsrates vom 16. Juni 1999 zur Ergänzung der Durchführungsbestimmungen der Europäischen Patentkonvention* (16. Juni 1999), http://www.european – patent – office.org/epo/ca/e/16_06_99_impl_e.htm

10 Humangenom – Organisation (HUGO), *Erklärung über die gemeinsame Nutzung* (9. April 2000), http://dwww.gene.ucl.ac.uk/hugo/benefit/html

gemeinsamen Gütern, zum Beispiel an der Gesundheit. Zweitens: Beginnend im 17. Jahrhundert mit den Ausführungen von Hugo Grotius über die Grundsätze des Seerechts und fortschreitend zu internationalen Gesetzen bezüglich des Luftraums sowie des Weltraums im 20. Jahrhundert, wurden solche globalen Ressourcen als gemeinsames Gut angesehen, das zu gleichen Teilen und zum friedlichen Nutzen für alle Menschen vorhanden ist, und im Interesse der zukünftigen Generationen geschützt werden muss. Das internationale Recht setzt hier vielleicht einen Präzedenzfall zur Betrachtung des menschlichen Genoms als gemeinsames menschliches Erbe. Und drittens: Besteht ein gewaltiger Machtunterschied zwischen einer forschenden Organisation und den Menschen, die das Material für diese Forschungen zur Verfügung stellen, und ist zu erwarten, dass diese Organisation einen bedeutenden Gewinn erzielt (trotz des Investitionsrisikos), dann entstehen Bedenken bezüglich der Ausbeutung dieses Materials, die eine gemeinsame Nutzung regeln kann. Das HUGO Ethikkomitee argumentierte, dass aus Erwägungen der Gerechtigkeit Handlungsbedarf bestehe, damit die Grundbedürfnisse der Gesundheitsvorsorge erfüllt werden können.

Schon im Jahre 1996 hatte das Ethikkomitee in seiner Erklärung über die Prinzipien der Durchführung genetischer Forschung [11] eine Befragung der Gemeinschaft vorgeschlagen sowie eine Beteiligung an der Aufstellung der Rahmenbedingungen für Forschungsvorhaben, die ganze Bevölkerungen und Bevölkerungsgruppen betreffen oder involvieren. Diese Erklärung schlug auch vor, dass es für eine solche Teilnahme eine Anerkennung geben sollte (jedoch keine finanziellen Anreize), etwa in Form von Technologietransfer, lokalen Bildungsangeboten, medizinischer Soforthilfe, oder Beiträgen zu einem humanitären Zweck oder zur Verbesserung der Infrastruktur des Gesundheitswesens. Die Erklärung über die gemeinsame Nutzung von 2001 wiederholte dieses Ziel und spezifizierte weiter, dass zusätzlich zu einem an die Teilnehmer zu leistenden Dank und einer Vorgehensweise, die mit den Werten und Präferenzen der Gemeinschaft im Einklang steht, 1 – 3% des eventuellen Nettogewinns für die Bedürfnisse der Gesamtbevölkerung zur Verfügung gestellt werden sollen.

Dies möchte ich durch ein paar Beispiele verdeutlichen: Island hat sich für eine kostenlose Rückgabe von Produkten oder Medikamenten an die Bevölkerung entschieden, die durch die Verwendung ihrer Datenbanken entdeckt

---

[11] HUGO, Erklärung über die Prinzipien der Durchführung genetischer Forschung (21. März 1996), *http://www. gene.ucl.ac .uk/hugo/ conduct.htm*

wurden (Gulcher and Stefansson 2000). Tonga hat einen Technologietransfer erreicht und ähnliche Zusagen bezüglich neuer Produkte, sowie jährliche Forschungsgelder für das staatliche Gesundheitsministerium aus Einkünften, die aus kommerziell genutzten Entdeckungen stammen (Anon. 2000). Wie es jedoch auch gegenwärtig in Island der Fall ist, hat nur eine Firma Zugang zur Datenbank. Estlands nationale DNA – Datenbank hat sich dafür entschieden, die Genproben nicht zu anonymisieren und kann die medizinischen Informationen an die Bevölkerung zurückgeben (estnisches Parlament, 2000). Es ist kein Monopol auf die Datenbank vorgesehen.

Dieses Konzept der gemeinsamen Nutzung führt die Debatte weg von der Frage nach dem Eigentum zu Betrachtungen über Billigkeit und Gerechtigkeit. Dennoch kann eine zu große Betonung der individuellen oder gemeinsamen Eigentümerschaft die unerwünschte Wirkung haben, unser Erbgut zu gering zu bewerten oder einen Gebrauchsgegenstand daraus zu machen. In der Tat kann das Konzept der gemeinsamen Nutzung nur zu einer Stärkung der Vorstellung führen, dass das Humangenom das gemeinsame Erbe der Menschheit darstellt.

## Gemeinsames Erbe

Im Innersten gegen die Eigentümerschaft, nicht aber gegen die Souveränität des Staates gerichtet, datiert diese Vorstellung, wie schon zuvor erwähnt, zurück ins 17. Jahrhundert und fand damals wie heute Anwendung auf den Schutz der Luft und der Meere zu Gunsten der gemeinsamen Interessen der internationalen Gemeinschaft. Seine Kernelemente sind die folgenden:

1. Kein Bereich, der als gemeinsames Erbe bezeichnet wird, darf als individuelles Eigentum beansprucht werden.
2. Eine internationale Autorität sollte jede Verwendung der Bereiche und ihrer Ressourcen regeln.
3. Alle Vorteile, die sich aus der Nutzung der Bereiche und ihrer Ressourcen ergeben, werden gerecht geteilt.
4. Die Bereiche und ihre Ressourcen dürfen nur auf friedliche Weise genutzt werden.
5. Die Bereiche und ihre Ressourcen müssen zum Wohle der gegenwärtigen und zukünftigen Generationen geschützt und bewahrt werden.

Um den Vorsitzenden der Rechtskommission des Internationalen Komitees für Bioethik der UNESCO zu zitieren: “Allein die Tatsache, dass das Humangenom zum gemeinsamen Erbe der Menschheit ernannt wird, bestätigt von neuem die Rechte jedes Individuums über sein genetisches Erbe [das heißt] – als etwas individuelles, nicht übertragbares und nicht zurückweisbares – das von Interesse für die ganze Menschheit ist und in seiner Gesamtheit dem Gesetz unterliegt. Die Menschheit, die rechtlich organisierte internationale Gemeinschaft, schützt dieses Erbe und stellt sicher, dass es von keinem Individuum oder keiner Organisation, egal ob es sich um einen Staat oder eine Nation handelt, als Eigentum beansprucht werden kann." (Espiell 1997).

Unglücklicherweise führten fehlende Kenntnisse über diese rechtlichen Kriterien und politisches Hick–Hack dazu, dass dieses Konzept in Artikel 1 der Allgemeinen Erklärung der UNESCO über das Humangenom und die Menschenrechte durch Regierungsvertreter verwässert wurde, so dass das Humangenom nun "im symbolischen Sinne [als] das Erbe der Menschheit betrachtet" wird [12].

Das Internationale Komitee für Bioethik hatte das Konzept des "gemeinsamen Erbes der Menschheit" schon in seine Überlegungen eingeschlossen, aber bestimmte Regierungsvertreter, die mit der Überprüfung und Verabschiedung der endgültigen Fassung der Erklärung beauftragt waren, verstanden das Konzept des gemeinsamen Erbes so, als ob eine mögliche Aneignung dem Mandat eines internationalen Konglomerats unterstellt werden sollte, wodurch die Souveränität des Staates in Gefahr sei. Anderen missfiel der Aspekt der Gemeinschaft. Ironischerweise bevorzugten andere Mitglieder des Komitees für Bioethik, aus Furcht vor einer möglichen Souveränität des Staates, den Schutz des menschlichen Genoms auf der Ebene des Individuums. Schließlich führte auch die französische Übersetzung von Erbe im Sinne von "Erbvermögen" zu Schwierigkeiten, denn darin liegt auch eine wirtschaftliche Bedeutung. Daher die Annahme des Ausdrucks "Symbol für das Erbe der Menschheit".

Über den Status des menschlichen Genmaterials lassen sich bestimmte Schlussfolgerungen ziehen:

Auf der Ebene des Individuums beeinflusst weder sein rechtlicher Status als Person oder als Sache, noch das Verbot eines individuellen finanziellen Gewinns aus seiner Verwendung, seine Patentfähigkeit.

Die Kriterien der Patentfähigkeit wurden erheblich geklärt und gestrafft.

Das Auftauchen des Konzeptes des gemeinsamen Nutzens in der Debatte über das Humangenom und seine Patentfähigkeit könnte bei entsprechender Unterstützung und Stärkung zur Milderung der negativen Auswirkungen der Patentierung beitragen.

---

[12] Siehe *Anhang II* bezw. Website

Sein kollektiver Status auf der Ebene des Humangenoms wurde rechtlich noch nicht als "eine zur öffentlichen Verfügung stehende Sache" anerkannt, wohl aber als Erbe der "Menschheit". Das Versagen des letzteren schwächt die politische Argumentation der Öffentlichkeit in der Patentdebatte.

Die Zeit ist reif, das Stadium der Vergegenständlichung einerseits und der Heiligsprechung andererseits der menschlichen DNA zu überwinden. Wir müssen die Bedingungen des Einverständnisses und der Kontrolle auf der Ebene des Individuums innerhalb der Länder überprüfen und harmonisieren und auch die internationale Überwachung auf der Ebene des gemeinsamen Humangenoms sicherstellen. Klassische Debatten führen zu klassischen Aufspaltungen. Obligatorische Lizenzen für Genpatente auf dem Gesundheitssektor, oder Klärung und Erweiterung der traditionellen Ausnahmebestimmungen für Forschung auf dem Gesundheitssektor im Rahmen des Patentgesetzes sind nur zwei neue Punkte, die einer Diskussion wert sind. [13] Solch eine Diskussion wird wahrscheinlich eine weitaus größere Wirkung zeigen als die gegenwärtigen sterilen Polemisierungen um das Thema "Eigentum".

## Literatur

Anonymus, "Australians hunt for Tonga's disease genes", (30. November 2000) 408, *Nature* S. 508

Espiell, H. Gros, "Unesco's Draft Universal Declaration on the Human Genome and Human Rights", (1997) 7 *Law & Hum Gen Rev,* S. 133

Estnisches Parlament, Gesetz über die Erforschung menschlicher Gene (13. Dezember 2000), *RT I 2000*, 104, S. 685

Gulcher, J.R., Stefansson, K., "The Icelandic healthcare database and informed consent", (2000), *New Engl J Med*, S. 1827 – 1830

Knoppers, Bartha Maria, "Status, sale and patenting of human genetic material: an international survey" (1999), 22 *Nature Genetics,* S. 23

[13] Das Patentrecht verfügt bereits über spezielle Vorschriften zum Schutze der Rechte von Forschern in Form von Ausnahmebestimmungen für die Forschung. Diese gestatten wissenschaftliche Versuche mit der Erfindung ohne Patentverletzung

# An den Grenzen der Menschlichkeit

Prof. Jens Reich

Bei einer im Juni 2000 im Weißen Haus, Washington D.C. veranstalteten Pressekonferenz, an der der damalige US–Präsident Bill Clinton und der britische Premierminister Tony Blair sowie die Botschafter verschiedener Länder teilnahmen, verkündeten die Sprecher zweier wissenschaftlicher Konsortien, dass eine Arbeitsversion des menschlichen Genoms soeben an die Computer "übergeben" worden sei. Obwohl diese Arbeitsversion noch weit von ihrer Fertigstellung entfernt war, wurde das Ereignis von zahlreichen triumphierenden Äußerungen der beiden Staatsmänner und von James Watson begleitet, der 50 Jahre zuvor seine berühmte Doppelhelix veröffentlicht hatte, das paradigmatische Modell des bevorstehenden Zeitalters der Genomik.

Die Bekanntgabe der Arbeitsversion wurde mit der Landung des Menschen auf dem Mond verglichen, sie wurde als wichtigste "Landkarte" überhaupt bezeichnet – als ein neues Buch des Lebens, das an die Stelle der Heiligen Schrift treten würde. Kommentare gab es auch darüber, welche Wirkung eine derartige Leistung auf den Stolz und das Selbstvertrauen der ganzen Menschheit haben würde. Man sah sie als Höhepunkt der biologischen Evolution, und man bezog sich auch auf die hohen Ziele, die für die Anwendung des Wissens über das Genom auf die Anthropologie und die Medizin gesetzt werden würden. Die anwesenden Politiker betonten die Notwendigkeit des Schutzes der Menschenrechte und der personenbezogenen Informationen im Zeitalter der Genomanalyse, dessen Anbruch sie voraussagten.

Die Siegesfeiern waren vielleicht etwas verfrüht angesetzt, besonders da der bis dahin sequenzierte Text erst in Form von vielen Millionen von zerstückelten Textbrocken vorlag, die noch auf ihre Zusammensetzung warteten, bevor sie eine vollständige Bibliothek ergeben konnten. Sechs Monate später, im Februar 2001, nach intensiver Arbeit an der frühen Version, wurde die zusammengesetzte Arbeitsversion des menschlichen Genoms der Öffentlichkeit vorgestellt. Eines der daran beteiligten Forschungskonsortien war durch internationale Forschungsprojekte öffentlich finanziert. Das andere Konsortium bestand aus einer kommerziellen Firma, nämlich Celera Genomics, die einen enormen Betrag an Risikokapital angesammelt hatte, um unter Aufbietung aller verfügbaren Kräfte die Sequenz des menschlichen Genoms mit der so genannten Shotgun – Methode [1] zu entschlüsseln.

Um einen vollen Satz an Textstücken zu bekommen, integrierte Celera Genomics die Ergebnisse der Sequenzierung und Kartierung durch das Internationale Humangenom – Sequenzierungskonsortium, so dass man vom wissenschaftlichen Standpunkt aus – aber weder in psychologischer noch in wirtschaftlicher Hinsicht – das Ergebnis als eine gemeinsame Leistung bezeichnen könnte. Bei der Sequenzierung des Humangenoms gibt es aber immer noch beträchtliche Lücken. In die Fertigstellung muss noch einiges an Zeit investiert werden, da diese Teile besonders schwierig zu entziffern sind. Dennoch liegen mittlerweile über 90 % des Genoms wohlgeordnet in Datenbanken vor, und diese Tatsache ist es wert, einmal gründlich über die Auswirkungen dieser Information nachzudenken.

Das menschliche Genom ist in Form von DNA auf den 46 Chromosomen jeder menschlichen Zelle kodiert. Die Dateien enthalten Textsammlungen, die in einem aus vier Buchstaben bestehenden Alphabet geschrieben sind. Jeder dieser vier Buchstaben steht für eine bestimmte chemische Einheit (Nukleotid). So haben wir einen chemisch kodierten Text. Der Gesamtumfang dieses Texts beträgt sechs Milliarden Buchstaben, davon sind etwa 50 % redundant, da sie eine Kopie der anderen Hälfte darstellen. Wie schon früher vorausgesagt, steht jetzt eindeutig fest, dass 99,9 % des menschlichen Genoms für die gesamte Gattung gleich ist, die einzelnen Menschen variieren nur zu 0,1 % voneinander. Insgesamt enthält unser Genom also etwa sechs Millionen Buchstaben, die sich von einem Individuum zum andern unterscheiden können. Dieser individuelle Teil ist für die individuelle Genetik und für die medizinische Anwendung von großer Bedeutung, aber vom Blickpunkt der biologischen Evolution aus gesehen ist der nicht veränderliche Teil wichtiger.

---

[1] *Shotgun – Methode:* Technik, mit der einzelne große DNA Fragmente bekannter Lokalisation der sogenannten Shotgun – Methode unterzogen werden: Sie werden in kleinste Fragmente zerhackt, danach sequenziert und auf der Grundlage von Sequenzüberlappungen wieder zusammengesetzt.

## Der Mensch und andere Spezies

Unsere engsten Verwandten im Tierreich sind die Menschenaffen, und davon steht uns wohl der Schimpanse (*Pan troglodytes*) am nächsten. Sein Genom wurde bisher noch nicht in Einzelheiten sequenziert, aber Pilotstudien und experimentelle Versuche zur globalen Identität haben enthüllt, dass etwa 98,5 % des Schimpansengenoms, wenn es als Textsequenz gezählt wird, mit dem von *Homo sapiens* identisch ist. Dies ist eine verblüffende Ähnlichkeit, auch wenn uns schon unsere Besuche im Zoo veranschaulicht haben, dass wir auch in Bezug auf unsere anatomische Struktur und unser Verhalten große Ähnlichkeiten mit diesem Tier aufweisen. Der Unterschied von 1,5 % ist erstaunlich, weil sogar der Unterschied zwischen einzelnen Menschen, prozentual ausgedrückt, höher sein kann, wenn Männer mit Frauen verglichen werden. Das X-Chromosom (von denen Frauen zwei, und Männer anstelle des zweiten ein Y-Chromosom haben) enthält nämlich 5 % der in unserem Genom gespeicherten Informationen. Wir könnten also sagen, dass zwischen Männern und Frauen ein Unterschied von 5 % besteht, das heißt mehr als zwischen Mensch und Schimpanse, wenn sie dem gleichen Geschlecht angehören. Zugegebenermaßen besitzt der Schimpanse (*Pan troglodytes*) 48 anstatt 46 Chromosomen, das heißt der Text ist in verschiedenen "Packungen" organisiert.

Natürlich sind solche Summenberechnungen nur Annäherungen und sehr allgemein; es sind die Unterschiede im Detail, die eine viel größere Rolle spielen. Das Globin-Gen zum Beispiel, das die Vorschrift zur Synthese des lebenswichtigen Blutfarbstoffes enthält, der für den Sauerstofftransport zuständig ist, ist bei den zwei Gattungen fast identisch. Bei Genen, die für andere Bereiche zuständig sind, zum Beispiel für die Gehirnentwicklung, können die Ergebnisse wieder ganz anders ausfallen. Wir wissen es momentan einfach noch nicht. Da die kodierenden Sequenzen des Genoms, also diejenigen, die lebenswichtige Informationen tragen, nur 2-3 % des Gesamttextes bilden, sind diese Unterschiede wahrscheinlich extrem wichtig; das könnte mit dem, was wir schon vermuten, in Einklang stehen. Zugegebenermaßen "exprimiert" sowohl das Gehirn des Affen wie auch das des Menschen einen beträchtlichen Anteil seiner Gene, das heißt das Gehirn benutzt diesen Anteil zur Herstellung von Proteinen. Dies wissen wir aus dem so genannten "Protein fingerprinting", das darauf hinweist, dass es in den Nervenzellen mehr als 10.000 verschiedene Proteine gibt. Die detaillierte Erforschung dieser Nerven-spezifischen, regulatorischen und strukturellen Proteine ist von herausragender Bedeutung für die Anthropologie.

So sind die Ähnlichkeiten zwischen Mensch und Schimpanse auffallend und aufschlußreich, aber lange nicht so überraschend wie die Ähnlichkeiten des Humangenoms mit dem Geninhalt anderer Spezies, die wir gemeinhin als "primitiver" bezeichnen. Bei der Quantifizierung der Anzahl von Genen, das heißt der Anzahl der Textabschnitte, die als Blaupausen für die Synthese von Proteinen [2] als speziellem Körpermaterial fungieren, ist es informativer, die Anzahl der kodierten Gene anstatt die Summe aller Buchstaben des Genoms zu berücksichtigen. Außer beim *Homo sapiens* wurde die Anzahl der Gene bei einigen anderen Spezies geschätzt, so bei der Maus (*Mus musculus*), der Fruchtfliege (*Drosophila melanogaster*), einem Nematoden oder Fadenwurm (*Caenorhabditis elegans*), der Bäckerhefe (*Saccharomyces cerevisiae*) und der Pflanze Ackerschmalwand (*Arabidopsis thaliana*). Bevor ich in diesem Kontext auf besondere Zahlen eingehe, sollte ich darauf hinweisen, dass wir immer noch nicht alle Informationen über die meisten Gene in einer dieser Spezies besitzen. Um vollständige Informationen über ein Gen zu erhalten, müssen wir wissen, wie das Genprodukt selbst charakterisiert ist, das heißt wir benötigen Informationen über das gereinigte Protein, das es kodiert. Dies zu erreichen ist eine anspruchsvolle Aufgabe, die bis jetzt für erst 10 % aller Genprodukte ausgeführt wurde, einschließlich der Bäckerhefe, über die wir bis jetzt die umfangreichsten Informationen besitzen.

Dennoch können wir aufgrund statistischer Schätzungen die Anzahl der Gene und ihre grobe Klassifizierung erhalten. Die Analyse der Gene, bei denen wir sicher sind, dass sie genau klassifiziert sind, zeigt, dass kodierende Texte von nicht – kodierenden durch ihre "linguistischen" Eigenschaften unterschieden werden können: Verwendung der Buchstaben, Häufigkeit von Buchstabenkombinationen und Buchstabengruppen, die Anwesenheit bestimmter eindeutiger Signale, usw. sind sehr aussagekräftig. Solch eine statistische Analyse ist vergleichbar mit dem Studium von Texten in der Informationskodierungstheorie: Man kann erschließen, ob ein kodierter Text in englischer oder deutscher Sprache geschrieben ist, ob sein Inhalt militärischer oder nicht – militärischer Natur ist, auch wenn man die Bedeutung einzelner Sätze oder Wörter überhaupt nicht kennt. Es gibt Computer – Algorithmen, die alle im Hefe – Genom kodierten Proteine identifiziert haben. Eine direkte chemische Analyse hat enthüllt, dass die Mehrheit all dieser Computerschätzungen sich als richtig herausstellen. Beim Humangenom ist die Identifizierung der Gene viel schwieriger, und bis vor kurzem variierten die Schätzungen in großem Maße, da die

[2] Siehe *Anhang I*

unterschiedlichen Computer– und biochemischen Methoden fundamental unterschiedliche Zahlen vorhersagten. Für die Chromosomen 21 und 22 jedoch (die zugegebenermaßen zu den kleineren gehören) haben internationale Konsortien eine Annotation des Genomtextes geliefert und eine Schätzung der entsprechenden Anzahl der Gene durchgeführt, die unseres Wissens der tatsächlichen Zahl ziemlich nahe kommen sollte. Darüber hinaus können solche Schätzungen mit ziemlicher Zuversicht auf das gesamte Genom angewandt werden. Die genauesten Zahlen, die sowohl von Sequenzierungs – als auch Annotationskonsortien errechnet wurden, schätzen heute, dass das Humangenom etwa 32 000 statistisch gut etablierte kodierende Gene enthält. Dazu kommen in einem späteren Stadium, wenn wir den Analysen besser vertrauen können, noch etwa 10 000 weitere Gene. Diese Zahl liegt beträchtlich unter früheren Schätzungen, die manchmal über 100 000 lagen; dies konnte jedoch durch subtile technisch bedingte Ursachen erklärt werden, welche die Genauigkeit früherer Schätzungen beeinflusst hatten.

Nun liegen die Schätzungen bei 32 000 plus einige Tausend. Was bedeutet das? Ein Vergleich mit der geschätzten Anzahl der Gene bei anderen, gründlicher erforschten Spezies ist aufschlußreich:

- Der Fadenwurm (*C. elegans*) verfügt über 19 000 Gene;
- die Fruchtfliege (*D. melanogaster*) über 14 000 Gene;
- die Bäckerhefe (S. cerevisiae) über 6000,
- und die Pflanze Ackerschmalwand (*A. thaliana*) über 25 000 Gene.

Dieser Vergleich überrascht. Sind wir nicht unendlich komplexer in unserer körperlichen Erscheinung, unserer biochemischen Verschiedenheit und Gehirnstruktur, als zum Beispiel ein winziger Nematode (*C. elegans*), der kaum zwei Millimeter lang ist und eine genau festgelegte Zahl an mikroskopisch sichtbaren Körperzellen, nämlich 971 besitzt, verglichen mit den geschätzten 100 Billionen Körperzellen eines erwachsenen Menschen? Wie können wir mit einer solch geringen Anzahl an Genen überhaupt solch eine Komplexität erreichen?

Auf diese Fragen gibt es zwei Antworten. Einerseits scheint es offensichtlich: so sehr unterscheiden wir uns nämlich gar nicht. Die Struktur der Körperzellen, von Nucleus und Zellmembran, und die grundlegende Biochemie des Ernährungsstoffwechsels und des Energiestoffwechsels wurden über Milliarden von Jahren einer divergierenden Entwicklung beibehalten. Eine beträchtliche Anzahl an Genen in den Genomen des Fadenwurms, der Fruchtfliege und des Menschen sind einander so ähnlich, dass nur der Experte sie im Reagenzglas oder auf dem Computerbildschirm auseinander halten kann. Die Grundbausteine und die fundamentalen biochemischen und biophysikalischen Vorgänge aller Lebewesen sind die gleichen. Sie sind sogar so gleich, dass wir zu unserem großen Vorteil sogar die entferntesten Spezies verzehren können (wenn man die ästhetischen Bedenken gegen den Verzehr eines hässlichen Wurms einmal beiseite lässt). Der grundlegende biologische Aufbau ist so ähnlich, und das wurde durch die bis dato unmögliche Analyse der Informationselemente des Lebens, die im Genom kodiert sind, brillant bestätigt, dass wir in Zukunft ganz optimistisch Tausende von biologisch aktiven Verbindungen aller Art auf ihre hemmende Wirkung auf knospende Hefezellen untersuchen können, um Wirkstoffkandidaten für die menschliche Krebstherapie zu erhalten. Die Wachstumsregulierung ist in beiden Fällen ähnlich genug, um den Einsatz des einen als das zugegebenermaßen beschränkte Modell für das andere zu verwenden. Das Gen, das die Entwicklung des Auges der Fruchtfliege auslöst, ist immer noch im menschlichen Genom vorhanden, aber mit einer Sequenz, die sich über Hunderte von Millionen von Jahren einer divergenten Evolution, die seit unserem letzten gemeinsamen Ahnen verstrichen sind, verändert hat. Das Gen ist aber nicht nur vorhanden, sondern es funktioniert auch. Es konnte gezeigt werden, dass dieses Gen an der Entwicklung des menschlichen Auges beteiligt ist, das sich strukturell und anatomisch beträchtlich vom Insektenauge unterscheidet.

Andererseits liegen jedoch Welten zwischen den unterschiedlichen Spezies, auch wenn sie ziemlich nahe miteinander verwandt sind, und wenn nicht hinsichtlich der quantitativen, dann der qualitativen Aspekte ihrer entwicklungsmäßigen und biologischen Spezifität. Es ist die Interaktion zwischen den einzelnen Komponenten, nicht die bloße Anzahl der Genprodukte oder die chemische Art der Bausteine, welche die Spezies so unterschiedlich in ihrer Qualität macht. Wir wissen zum Beispiel, dass mehr als 100 verschiedene Genprodukte als Signale bei der Auslösung des Zellwachstums und der Zellteilung in Aktion treten – ein Prozess, der bei allen Lebewesen als "Zellzyklus" bezeichnet wird. Dennoch sind die an diesem Vorgang beteiligten Enzyme, Rezeptorproteine und modifizierenden Faktoren im Prinzip überall die gleichen, aber nur in der Grundbedeutung, dass zwei verschiedene, auf dem Klavier gespielte Musikstücke auch gleich sind: Man erkennt, dass es sich um ein klassisches Stück handelt, lange bevor eine bestimmte Struktur oder ein subtiles Detail des Vortrages zutage tritt. Analog dazu haben die Larven der Fruchtfliege und ein menschlicher Embryo dieselbe Segmentstruktur, aber die Fruchtfliege benutzt sie für ihren äußeren Chitinpanzer, der Embryo zur Bildung einer inneren Wirbelsäule zur Stabilisierung der Körperstruktur. Ein drittes Beispiel: Ein Wurm bildet trotz seines segmentierten Körperbauplans keine stabilisierende Körperstruktur. Kein Wunder, dass viele Komponenten, einschließlich der Gene, in vielen Spezies die gleichen sind, während andere, wichtige, subtil spezifisch sind. Die zukünftige Generation der Biologen hat die Pflicht, diesen unentwirrbaren Knoten zu lösen und – hoffentlich zu unserem Nutzen – aus der enorm komplexen Interaktion, die sich aus einem ähnlichen Beginn, d.h. dem befruchteten Ei entwickelt und zu den Millionen von unterschiedlichen Körper– und Gehirnstrukturen im Tierreich führt, die Elemente heraus zu filtern, in denen wir uns unterscheiden und auch die, die wir gemeinsam haben.

## Xenogene Transplantationen

Eine andere, unmittelbar praktische Folge der neuen Wissenskategorie über den Menschen betrifft unsere Haltung gegenüber der xenogenen Transplantation. Bis jetzt nur in der Theorie, aber noch nicht praktisch umgesetzt, umfasst sie alle Arten der Gewebe– und Organtransplantation von fremden Spezies auf den Menschen (*xenos* ist das paradoxe griechische Wort für fremd, wie auch für Gastgeber und Gast). Aufgrund der großen Ähnlichkeit zwischen den Genomen des Menschen und beispielsweise des Schweines könnte man argumentieren, dass die moralische Entrüstung über Organtransplantationen der Vergangenheit angehört, und wir könnten uns sogar einer moralischen Entlastung annähern, wenn menschliche Organspender (die bei lebenswichtigen Organen ja tot sind oder im Sterben liegen) durch Tiere ersetzt werden, wie zum Beispiel durch das Schwein, dessen innere Organe den Erfordernissen an Funktion und Größe des menschlichen Empfängers sehr nahe kommen. Im Allgemeinen schrecken Europäer ja nicht vor der "Assimilierung" von Schweinegewebe zurück, denn es dient als wichtiges Nahrungsmittel, warum also nicht die intakten Gewebe inkorporieren?

Aber diese Argumente sind rein pragmatisch. Sie könnten durch eine genomische Rekonstruktion in Angriff genommen werden. Meiner Ansicht nach gibt es eine tiefer liegende Furcht, welche die xenogene Transplantation ganzer Organe ausschließt. Sie ist auf spirituelle, nicht biologische Weise pragmatisch. Es ist meine feste Überzeugung, dass wir kein Recht haben, Mischkreaturen zu erschaffen, zum Beispiel Kreuzungen zwischen Schaf und Ziege. Meiner Meinung nach hat jede Spezies ihre eigene, evolutionär festgelegte Existenzweise, und wir sind nicht zur Überschreitung dieser Grenzen historischer Tatsachen berechtigt. Wir sind dazu verpflichtet, jedem Tier, auch wenn es nur zur Erfüllung unserer Bedürfnisse aufgezogen wurde, seine spezifische Lebensweise zuzugestehen. Diese Regel wird durch die Erzeugung von Chimären gebrochen. Ganz besonders ist es uns nicht erlaubt, eine Chimäre zwischen Mensch und irgendeinem Tier herzustellen, denn dies würde unsere eigene Menschenwürde verletzen. Ich bin davon überzeugt, dass in Zukunft die einzig kategorisch akzeptable Transplantationsform die autogene Transplantation von eigenem Körpergewebe oder von unseren eigenen erwachsenen Stammzellen sein wird. Dies ist der einzige moralische Weg, die Verwendung anderer Kreaturen für unsere eigenen Zwecke zu umgehen. Dies ist auch der beste Weg, Abstoßungsreaktionen unseres Immunsystems zu vermeiden. Faierweise sollte ich hinzufügen, dass nicht alle Biologen meinen Standpunkt einstimmig teilen.

## Hybriden

Bei den Ähnlichkeiten und Verschiedenheiten zwischen *Homo sapiens* und den "niedrigeren" oder "höheren" Tieren und Pflanzen gibt es einen anderen verwirrenden Aspekt. Er hängt mit den Grenzen zwischen den einzelnen Spezies zusammen. Man glaubt, dass Spezies, auch wenn sie sich von ihrer Erscheinung her ziemlich ähnlich sind, kategorische Unterschiede aufweisen. Im jüdisch – christlichen Religionssystem lehrt die Heilige Schrift, dass Gott die verschiedenen Arten grundsätzlich unterschiedlich erschaffen hat, und nennt den Versuch, Menschen mit Tieren zu paaren, pervers. Aber es ist mehr als das: Solch ein Versuch ist vergebens. Das Entscheidungskriterium der Taxonomie (wissenschaftliche Disziplin zur Klassifizierung von Tieren und Pflanzen) zur Unterscheidung einer Speziesgrenze zwischen sonst ähnlichen Lebewesen ist die Unfähigkeit, fruchtbare Nachkommen zu zeugen. Trotz aller Fantasie begabter Autoren und trotz der erwähnten 98,5 % Ähnlichkeit der Genome wird es niemals ein natürlich gezeugtes Hybridwesen zwischen Mensch und Schimpansen geben. Alle Arten von Hybriden, die durch Paarung von Eseln mit Pferden entstehen, sind in der folgenden Generation unfruchtbar. Zwischen Mensch und Schimpanse ist die Sache klar: Der Text des Genoms ist nahezu der gleiche, aber seine Organisation auf Chromosomenebene ist so unterschiedlich, dass die Verschmelzung der Keimzellen nicht stattfinden kann. Die einzige Form einer Chimäre zwischen unterschiedlichen Spezies konnte bis jetzt nur auf der zellulären Ebene, nämlich in Zellkulturen erzeugt werden. Es ist eher das Entwicklungsprogramm des gesamten Organismus, als einige

Elemente, die so "spezifisch" sind, dass sie zu einer Spezies führen. Und die meisten Menschen reagieren mit instinktivem Abscheu auf jeden Versuch der Erzeugung einer Chimäre, zum Beispiel bei Haustieren wie dem Schaf und der Ziege. Meiner Meinung nach sollten wir den Charakter und die Verschiedenheit der einzelnen Spezies unangetastet lassen. Die Erhaltung der Schranke zwischen den Spezies ist auch eines der überzeugendsten kritischen Argumente gegen die genetische Manipulation von Nutzpflanzen durch Einführung bestimmter Fremdgene.

Im Lichte solcher kulturell verinnerlichter biologischer Tatsachen ist es überraschend und eine echte Herausforderung, zu erkennen, welch intensiver Austausch zwischen *Homo sapiens* oder seinen Ahnen und den entferntesten Spezies stattgefunden hat. Das menschliche Genom enthält viele Hunderttausend Gene (oder Genreste) viralen Ursprungs, und sogar hunderte von Bakteriengenen – nur der Spezialist kann die Sequenz eines echten Bakteriengens von seinem homologen Teil im menschlichen Genom unterscheiden. Dies führt sehr überzeugend zu der Annahme, dass wir diese Sequenzen durch einen Transfer von einer Spezies zur anderen übernommen haben. Einen derartigen Transfer hat uns das HI – Virus demonstriert, das, nach der wahrscheinlichsten Theorie, von einer Affenspezies auf den *Homo sapiens* als möglichen Wirt übergesprungen ist. Das Virus hat auch seine Fähigkeit bewiesen, sich in das menschliche Genom einzuschreiben, und zwar in das Genom der Vorläuferzellen der weißen Blutkörperchen im Knochenmark. Das Virus inskribiert seinen eigenen Text in unser Genom und wartet auf eine günstige Gelegenheit. Von Zeit zu Zeit kommt es zu einer Expression des HIV – Genoms und damit zu einem Infektionsschub, der auf lange Sicht und nach vielen Wiederholungen schließlich zur Überbelastung und Zerstörung des Immunsystems führt. AIDS ist der Schlusspunkt der Erkrankung. Auf diese Weise demonstriert uns das HI – Virus sowohl den Austausch zwischen den Spezies also auch die Invasion unseres Genoms.

Unsere ererbten Virusgene sind sehr wahrscheinlich alle irgendwie "beeinträchtigt". Aufgrund aller "Indizienbeweise" haben wir sie vor vielen Millionen Generationen einmal erworben, sie haben sich auf die ganze Gattung ausgebreitet und bestehen hauptsächlich aus Fragmenten intakter Virusgenome. Die Funktion der Bakteriengene ist wahrscheinlich noch intakt, und die kürzlichen retroviralen Transkriptionen wie die von HIV sind es ganz bestimmt. Niemand kann die Möglichkeit ausschließen, dass die schlafenden oder toten Gene in unserem Genom durch den Transfer von Gensegmenten aus unabhängigen Quellen (so ist z.B. die Rekombination mikrobieller Genome ziemlich häufig) wieder zum Leben erweckt werden können. So leben wir mit einer beträchtlichen Anzahl an Untermietern, oder Leichen von Untermietern, die ihrerseits ganz gut leben, und teilweise sogar zu unserem Nutzen: Bakterien sind schließlich unübertroffene Meister der Entgiftung, und es mag extrem profitabel für unser Genom sein, bestimmte biochemische Waffen von ihnen zu übernehmen (wie wir es auf einer anderen Ebene durch den verbreiteten Gebrauch ihrer Erfindungen in industrieller Biotechnologie auch tun).

Die Sequenzierung des menschlichen Genoms hat bestätigt, was lange aus unterschiedlichen, weniger beeindruckenden Quellen und Tatsachen bekannt war: die Einheit und gleichzeitige Verschiedenheit der Biosphäre. Wir verfügen über ein Genom ähnlicher Organisation und mit einer ähnlichen Anzahl von Funktionsmodulen (Gene und anderes), wir konsumieren Milliarden von Genmolekülen mit jedem Bissen, den wir essen; der größte Teil davon, aber nicht alles, wird im Darm aufgespalten. Was nicht verdaut wird, wird vielleicht absorbiert und tritt in unser venöses System und von dort in die Leber ein. In sehr seltenen Fällen treten fremde Gene in unsere Zellen ein, und in noch selteneren Fällen werden sie vielleicht in unser Genom integriert. Und erreichen die Gene unsere Keimzellen (die sehr gut geschützt sind), können sie Teil des Genoms unserer Nachkommen werden. Und eine zufällige Distribution über Tausende von Generationen kann sich schließlich innerhalb der gesamten Spezies ausbreiten. Diese Schilderung soll aufzeigen, dass diese Schranken sehr, sehr hoch, aber nicht absolut und unüberwindlich sind. Die Veränderung unseres Genoms, wie im Laufe der Evolution geschehen, ist keine alltägliche Sache. Aber die Veränderung kann geschehen. Und sicherlich ist sie schon geschehen. Diese Eventualität ist nicht nur ein entferntes historisches Ereignis ohne praktische Bedeutung, und auch kein Tummelplatz für zerstreute Biologen. Wir sind uns der begrenzten Ausschließlichkeit der Spezies – Schranke wohl bewusst, wenn wir zum Beispiel die Verwendung von Tierorganen als Transplantate für menschliche Empfänger in Erwägung ziehen. Die Möglichkeit, dass dies bis jetzt harmlose, aber potentiell gefährliche Mikroorganismen freisetzt, ist hinreichend begründet, um eine sehr vorsichtige Vorgehensweise in dieser Richtung zu rechtfertigen.

Ein Nebeneffekt dieser spekulativen Studien der Humangenomik ist der, dass der Gentransfer auch in die andere Richtung funktionieren kann. Schließlich haben wir Tausende von Bakterienspezies als "Mitesser" in unserem Darm. Und wenn wir nach unserem Tode nicht verbrannt werden, dann wird sich eine riesige Armee von Mikroorganismen und Vielzellern an die Zersetzung unseres Leichnams machen. Könnte es geschehen, dass eines Tages diese Tiere von dem profitieren, was wir gelernt haben, z.B. von der Komplexität der Genregulation? Ich halte es für unwahrscheinlich, aber ist es unmöglich?

Einige betrachten die Erkenntnisse über das Humangenom als die letzte metaphysische Beleidigung, nachdem Charles Darwin uns gelehrt hat, dass wir von den Affen abstammen und Sigmund Freud behauptete, dass wir nicht Herr unseres Bewusstseins seien. Jetzt scheint es, dass wir kaum über den Würmern oder Fliegen stehen. Solch ein deprimierender Eindruck ist jedoch mit Fehlern behaftet. Wir sind zwar alle aus dem selben Stoff, aber dennoch sehr, sehr unterschiedlich. Die erste Tatsache könnten wir zu unserem Vorteil nutzen, die zweite sollte uns ermutigen. Schließlich sind wir Menschen nicht nur Maschinen mit Reflexen, nicht einmal im strengen biologischen Sinn. Unser kategorischer Hauptunterschied ist metabiologischer, metaphysischer und spiritueller Natur. Über dieses Thema kann der Biologe nur interessante Reflexionen beitragen, denn die Substanz der Materie liegt ganz anderswo verborgen.

# Schlussbemerkung

Prof. Jean – François Mattei

Die Entschlüsselung des Humangenoms stellt ohne jeden Zweifel einen großen Umbruch nicht nur im medizinischen Fortschritt, sondern auch in unserem Verständnis des Menschen an sich dar.

## Die notwendige ethische Debatte

Als Autor der Schlussbemerkung unter einer Reihe von Beiträgen über das menschliche Genom schätze ich mich doppelt glücklich, ein Arzt mit mehrjähriger Erfahrung in genetischer Medizin und gleichzeitig Inhaber eines politischen Amtes zu sein, der dazu beigetragen hat, das gesetzliche Rahmenwerk für eine wissenschaftliche Disziplin zu entwerfen, die mit hohen ethischen Risiken behaftet ist. Als Mitglied der Parlamentarischen Versammlung des Europarates, die an der Arbeit des Steuerkomitees über Bioethik beteiligt ist, bin ich mir wohl bewusst, wie sehr kulturelle Unterschiede das Erstellen internationaler Urkunden beeinflussen können. Natürlich nicht in dem Sinne, dass einige Menschen eine edlere Vision von den Menschen haben als andere, oder dass hier gut von schlecht getrennt werden soll. Sondern eher in dem Sinn, dass die Kraft unserer Überzeugung uns oft stark auf Werten beharren lässt, die, weil sie Teil unserer eigenen Identität sind, nicht ausgelöscht werden können. Altehrwürdige Prinzipien sind schwer aufzugeben, nur weil Forscher angeblich neue Beweise gefunden haben, die das Potential haben, unsere Auffassung vom Leben, dem Tod, dem Schicksal oder der Unterschiedlichkeit zu ändern.

Jeder, der mit der neuen Situation konfrontiert ist, die sich aus der wissenschaftlichen, in diesem Falle genetischen Revolution entwickelt hat, sucht zunächst nach einer Lösung, die seiner geistigen Vorstellung über die Menschheit am nächsten kommt. Es folgt ein Dialog zwischen dem Individuum und seinem Bewusstsein, der sich um seine philosophischen, moralischen und religiösen Orientierungspunkte dreht und zu individuellen Überzeugungen führt, die in bestimmten Lebensabschnitten als Hilfe bei persönlichen Entscheidungen dienen. Persönliche Überzeugungen verdienen unseren tiefsten Respekt, und alles muss getan werden, um sicherzustellen, dass niemand gezwungen wird, mit seinen Überzeugungen zu brechen. Genauso wenig kann man übersehen, dass eine persönliche Wahl unmöglich im Abstrakten, abgetrennt von der Realität und weit entfernt von menschlichen und zeitlichen Bezügen, visualisiert werden kann.

Ganz im Gegenteil, jede persönliche Entscheidung hat unvermeidbare Konsequenzen, die sich weit über das Individuum hinaus auf andere auswirken und von der Gegenwart in die Zukunft reichen. Das Anderssein und die Zeit sind zwingende Erwägungen, aus denen sich das Konzept der Verantwortung notwendigerweise ergibt. Und zur Ethik der individuellen Überzeugung kommt noch die Ethik der Verantwortung, die das Stichwort für die Definition gemeinsamer Regeln gibt, die uns ein Zusammenleben mit anderen Individuen und die Existenz als Gesellschaft ermöglichen.

Die Schwierigkeit dieses Ansatzes sollte nicht unterschätzt werden, wie alle, die mit solchen Situationen konfrontiert waren oder sind, nur zu gut wissen. Eine ethische Entscheidung ohne moralische Anspannung ist unmöglich. Aufnahmefähigkeit und Respekt sind dazu nötig, aber auch Überzeugungskraft und der Mut, sich auf eine Debatte einzulassen, die zwar mit Geduld, aber auch immer mit Leidenschaft geführt wird. Hindernisse über Hindernisse! Einfach ausgedrückt: Es ist nicht die Rede davon, eine moralische Ordnung zu legitimieren, die eine politische Gesellschaft dazu privilegieren würde, als Schiedsrichter zwischen Gut und Böse aufzutreten. Es ist zu offensichtlich, wie viel Unglück und Intoleranz an verschiedenen Orten durch fundamentalistische oder integrative Bewegungen unterschiedlichster Couleur verursacht wird, die gegen die Idee der Demokratie selbst verstoßen. Auch ist darunter nicht zu verstehen, dass alle Lösungen gleichwertig sind und die moralischen Eckpunkte verschwinden sollen. Die moralischen Werte, die für ein harmonisches öffentliches Zusammenleben unverzichtbar sind, müssen deshalb dort, wo sie verloren gegangen sind, wieder hergestellt werden. Es ist nicht die Rede davon, die zwei höchst unterschiedlichen Kategorien von Legalität und Moral zu verwechseln, obwohl sie vielleicht über undeutliche Trennlinien hinweg miteinander verwoben sind.

Zwischen dem Respekt für das Individuum und den Bedürfnissen der Allgemeinheit ein Gleichgewicht zu finden, ist praktisch eine unerfüllbare Aufgabe, die dennoch in Angriff genommen werden muss.

All diese Punkte haben einen Bezug zur Kenntnis des Humangenoms.

## Vom Fortschritt zur Selektion

Der allererste Impuls ist natürlich der gerechtfertigte Stolz auf den Fortschritt der Wissenschaft. Es ist immer eine ermutigende Leistung, die Grenzen des Wissens weiter nach vorne zu verschieben und neue Wege für die Medizin und die Versorgung von Patienten zu eröffnen. Die Identifizierung von Genen und ihren Mutationen, die Krankheiten und Behinderungen auslösen können, wird es in Zukunft ermöglichen, genaue Diagnosen zu stellen, betroffene Familien zu informieren und das Auftreten oder Wiederauftreten von oftmals schweren und bis jetzt noch unheilbaren Krankheiten zu verhindern. Aber im Gegensatz dazu sehen wir auch die Gefahren, die in der allgemeinen Anwendung der pränatalen Diagnostik lauern, die zur Eliminierung geschädigter Embryonen oder Feten führt und die durch den Fortschritt der Sonographie eigentlich schon auf den Weg gebracht wurde.

Ohne die Absicht der Wiederbelebung eines eugenischen Glaubensbekenntnisses mit seiner schrecklichen historischen Nebenbedeutung bleibt es doch eine Tatsache, dass die Selektion noch ungeborener Kinder eine offensichtliche Versuchung ist und meiner Ansicht nach eine wirkliche Gefahr darstellt. Ein gedankenloses Abirren in diese Richtung würde dazu führen, dass die Gesellschaft radikal ihre Einstellung gegenüber den behinderten und verletzlichen Mitgliedern der Gesellschaft ändern würde. Es wäre so viel einfacher, billiger und weniger mühselig, wenn es von vorn herein verhindert werden könnte, dass diese Kinder überhaupt geboren würden, als ein Leben lang für sie zu sorgen, und das bei steigender Lebenserwartung. Sogar unser Mitgefühl würde noch dazu beitragen, dass es immer normaler würde, manches Leben als nicht lebenswert zu bezeichnen (“unwertes Leben”), es würde letztendlich soweit kommen, dass die Geburt eines solchen Kindes als Schadensfall mit Recht auf Schadenersatz betrachtet werden würde. Eine deutliche Bestätigung dieses gesellschaftlichen Trends kann in der kürzlich gefällten Entscheidung des französischen Kassationshofs, des höchsten Gerichtes des Landes, gesehen werden.

Bezüglich der Identifizierung von Genen, die für eine bestimmte Krankheit empfänglich machen, zeigte der Beitrag von Professor Jean Dausset den bedeutenden Fortschritt, der sich aus dieser Form der prädiktiven Medizin dadurch ergibt, dass es möglich wird, eine vorhersehbare Erkrankung zu verhindern, mit ihr umzugehen oder sie nötigenfalls auch zu behandeln. Es gab jedoch eine zu bereitwillige Neigung, aus einigen wenigen Beispiel die Vorstellung eines realen biologischen Schicksals sich entwickeln zu lassen; sozusagen die Vorstellung des Menschen als Gefangenem seiner Gene. Dies verkörpert die vollständige These des Determinismus und stellt die Humanität der Menschen in Frage, denen jegliche Freiheit der Wahl verwehrt ist und die aus diesem Grunde von Verantwortung befreit sind. Diese rein genetische Vorstellung der Menschheit muss natürlich widerlegt werden, und da die meisten der in Frage kommenden Krankheiten polygenischen oder multifaktoriellen Ursprungs sind, neige ich viel mehr zu dem Begriff "Präsumtive Medizin", denn er impliziert deutlicher die Prädisposition und nicht die Unausweichlichkeit der Voraussage. Dieses Abtreiben in den Determinismus wurde noch weiter akzentuiert durch die angebliche Entdeckung von Genen, die mit bestimmten Verhaltensweisen assoziiert sein sollen, zum Beispiel mit Gewalttätigkeit oder Homosexualität. Auch hier ist in einem neuen Ansatz gegenüber kriminellem Verhalten eine Gefahr erkennbar: Der Täter würde eher als Opfer betrachtet werden, das Urteil als ärztliches Rezept und ein rückfällig Werden des Täters als Therapieversagen.

Auf jeden Fall ist es offensichtlich, dass angesichts der jüngsten Fortschritte auf dem Gebiet der Genetik unsere Gesellschaften, die zuvor schon versucht haben, soziale Ungleichheiten zu bekämpfen, auch gegenüber genetischen Ungleichheiten Vorsorge treffen müssen. Es ist in der Tat unannehmbar, dass Menschen aufgrund schadhafter Gene, die sie wahrscheinlich geerbt haben, soziale Diskriminierung erdulden sollen.

## Gene und Patente

Professor Knoppers, eine herausragende Expertin auf ihrem Gebiet, hat insgesamt zwingende und gut begründete Argumente zum Thema eines möglichen Eigentumsrechtes an den Genen vorgebracht. Rechtlich gibt es nichts dagegen einzuwenden, und außerdem findet ihr Standpunkt recht oft in den Äußerungen von Patentrechtsexperten und auch einigen Unternehmern seinen Widerhall. Biotechnologien lassen in der Tat große Fortschritte in Diagnostik, in Immunisierungs – und Behandlungsmethoden ahnen. Sie brauchen natürlich unsere Unterstützung, und ich bin davon überzeugt, dass sie schon bald die Heilung vieler, bis jetzt noch unheilbarer Krankheiten ermöglichen werden. Der Einsatz normaler zum Ersatz fehlerhafter Gene, oder zur Produktion menschlicher, therapeutischer Proteine, die Entwicklung junger Zellen als Ersatz für alternde und/oder anomale Zellen: All dies sind wunderbare Strategien, die höchsten Einsatz verdienen.

Dennoch sollte die biologische Revolution meiner Meinung nach von einer rechtlichen Revolution begleitet werden, denn die rasante Entwicklung der Biotechnologien, welche die Medizin von morgen revolutionieren wird, schafft eine bis dahin nie dagewesene Situation. Der Einsatz von lebender Materie zum Vorteil der Lebenden muss einfach neue und entscheidende Fragen aufwerfen. Als was sollte lebende Materie, dieses entschieden ursprüngliche Rohmaterial, angesehen werden? Wie soll es beschafft werden, zu welchem Preis und zu welchen Bedingungen? All diese Fragen wecken Spekulationen dahingehend, ob es überhaupt vernünftig ist, Gene zu patentieren, wenn man weiter erwägt, dass Patente auf lebende Organismen eigentlich nichts neues sind. Bei diesem Thema hat man manchmal den Eindruck, immer gerade zu spät zu kommen.

Den Unterschied zwischen Entdeckung und Erfindung muss ich nicht noch einmal wiederholen, obwohl er nicht vergessen werden sollte. Ein Patent schützt eine Erfindung und kann sich niemals auf eine Entdeckung beziehen. Wir sollten aber zuerst Argumente ontologischer Natur in Betracht ziehen. Der Mensch, als Person mit einer eigenen Würde ausgestattet, kann nicht gekauft oder verkauft werden. Aus diesem Grunde kann auch mit seinen Organen, Geweben und Zellen kein Handel getrieben werden, denn diese Dinge unterliegen nicht den normalen Bedingungen des Marktes. Das Gen, als kleinster Bestandteil des Menschen, kann meiner Meinung nach nicht anders behandelt werden als der ganze Mensch und weder direkt noch indirekt zum Gegenstand eines Geschäftsplanes werden. Ein weiteres solches Argument betrifft die kollektive Dimension, der man sich bei der Diskussion der Gene genähert hat. Menschliche Gene sind tatsächlich das gemeinsame Erbe der Menschheit, das gemeinsame Eigentum der Menschen insoweit, als sie über Generationen hinweg weitergegeben werden und mit Familienmitgliedern und ganzen Bevölkerungen geteilt werden. Da sie jedem gehören, kann sich niemand das Recht herausnehmen, sie als sein alleiniges Eigentum in Anspruch zu nehmen, auch nicht für eine begrenzte Zeit durch ein Patent. Diese Argumentation kann sich auch auf alle lebendige Materie erstrecken, ohne strenge Beschränkung auf menschliche Gene.

Es gibt aber noch andere Argumente gegen die Patentierbarkeit von Genen.

Die Argumente der Forschung haben natürlich Vorrang. Die Ausweitung des Patentsystems auf DNA – Sequenzen war zugegebenermaßen gerechtfertigt durch den Wunsch, Investitionen in die Forschung zu ermutigen, aber heute spüren wir alle die ungünstigen Auswirkungen des Systems. Die Forschung benötigt für die Grundlagenarbeit und die angewandte Wissenschaft einen wirklich unbeschränkten Zugang zum vorhandenen Wissen. Im Hintergrund steht das gesamte Problem der öffentlich und privat finanzierten Forschung als zwei sich ergänzender Prozesse mit unterschiedlichen Zielpunkten, aber einem gemeinsamen Hauptziel, nämlich der Suche nach Wissen. Ich möchte hinzufügen, dass die Erforschung von Genen, die zu seltenen Krankheiten (Orphan diseases) prädisponieren, die keinen für Investitionen lohnenden Markt haben, nicht von Patenten im kommerziellen und industriellen Sinne abhängig sein.

Jetzt möchte ich zu einigen Argumenten kommen, die sich auf die Industrie selbst beziehen. Ist es für irgend jemand sinnvoll, ein Monopol über ein natürliches, besonders ein menschliches Rohmaterial, beanspruchen zu wollen? Wir wollen uns vorstellen, dass wenn ein gesamtes Genom durch ein Patent geschützt ist, die Unternehmer, die ein Patent auf einen kleinen prozentualen Anteil der Gene erworben haben, dennoch logischerweise verpflichtet wären, für den Zugang zum restlichen Genom zu bezahlen. Die wirklich konkurrenzfähige Wirtschaft ist diejenige, die nach der Perfektion von Techniken strebt, nach der Wertschöpfung durch die Prozessfindung, um die Produkte so zuverlässig, kostengünstig und effektiv wie möglich aus dem Rohmaterial zu erhalten. Natürlich müssen in dem ganzen Prozess der Innovation und Produkterzeugung auch Patente eine Rolle spielen. Es ist aber nicht vorstellbar, dass ein kommerzielles Unternehmen ein Monopol auf eine Gensequenz erhalten würde, nur um eine konkurrierende Methode zu entwickeln. Dies liegt nicht im besten Interesse der Patienten oder der Industrie selbst, die aus ihrem Know – how zur Entwicklung von Methoden, Produkten oder Therapien viel mehr zu gewinnen hat als vom Besitz eines Patents über eine Gensequenz. Schließlich hat auch nie irgend jemand an der Patentierung von Elektronen Interesse bezeugt, das hat aber die erfolgreiche Entwicklung der gesamten Elektronikindustrie überhaupt nicht behindert. Außerdem ist die Polygenie so häufig, und biologische Phänomene sind so komplex, dass die Nutzung einer großen Anzahl von Genen unter verschiedenen Patenten sehr schnell zu einer schwierigen Managementaufgabe werden würde.

Erst vor kurzem rückte die Vermarktung von Tests, die eine Prädisposition für Brustkrebs nachweisen sollen, einen anderen, negativen Effekt der Genpatentierung in den Blickpunkt des Interesses. Dieses Beispiel illustriert die Verzerrungen, die entstehen, wenn sich Firmen menschliche Gene aneignen, zu deren Entdeckung sie beigetragen haben. Die Aneignung von menschlichen Genen verbaut den Zugang zu Gentests, und das Weltuntergangsszenario sagt weitverbreitete Tests ohne genetische Beratung oder Präventionsmaßnahmen vorher. Es wird daher vorgeschlagen, dass das heute vorherrschende heimlichtuerische Management von gewerblichem Eigentum durch ein sehr offenes Lizenzsystem ersetzt wird.

Schließlich muss man erkennen, dass durch die Konfiszierung von Wissen durch Patentierung die Zukunft verspielt wird. Das gemeinsame Sequenzierungsprojekt des HGP verbindet gerade einmal sechs Länder der ganzen Welt in unterschiedlichem Umfang. Diese Sachlage scheint für die davon ausgeschlossenen Länder, und ganz besonders für die Schwellenländer, auf lange Sicht unannehmbar.

Ganz abgesehen von dem im Reich der Wissenschaft erzielten Fortschritt muss man mit den vielen Fragen schließen, die durch die Kenntnis des Humangenoms aufgeworfen werden. Ganz einfach ausgedrückt, und um so besser, wird die Genetik Antworten auf eine ganze Reihe von Krankheiten geben und ein besseres Verständnis biologischer Evolutionsmechanismen, größerer menschlicher Migrationsbewegungen und der Populationsgenetik ermöglichen. Die Genetik wird aber keine Erklärung für die bemerkenswerte Komplexität des Menschen liefern können, der erstaunlicherweise nur doppelt so viele Gene besitzt wie der bewusste Fadenwurm. So eröffnet uns das Studium der Genetik außergewöhnliche, neue Forschungsbereiche und verschiebt die Enthüllung der innersten Geheimnisse des Menschen auf unbestimmte Zeit. Denn es ist offensichtlich, dass der Mensch nicht die Gesamtsumme seiner Gene oder der Doppelhelix der DNA ist. Ist es dann zulässig, darüber zu spekulieren, dass der Stoff der Menschlichkeit nicht in seinem materiellen Wesen liegt?

# Anhang I – Schlüsselbegriffe

## Zellen

Der menschliche Organismus besteht aus Zellen. Die einfachsten Organismen (zum Beispiel Bakterien) bestehen aus nur einer Zelle ohne Zellkern und pflanzen sich durch Zellteilung fort. Bei vielzelligen Lebewesen (Menschen, Tiere, Pflanzen) besitzen die Zellen einen Kern (Nucleus) und vermehren sich auf komplexere Art und Weise: Zellkern und bestimmte Zellbestandteile, die Mitochondrien, verdoppeln sich. Bei vielzelligen Organismen verbinden sich bestimmte Zelltypen, entwickeln sich auf spezifische Weise und bilden jeweils besondere Strukturen, wie Muskeln, Organe, Blätter, Wurzeln usw.

## Chromosomen

Der Kern jeder Zelle enthält Chromosomen, die nur zum Zeitpunkt der Zellteilung sichtbar werden. Bei jeder Spezies (Gattung) bleibt die Anzahl der Chromosomen konstant und charakterisiert damit diese Spezies: Bakterien besitzen 1 Chromosom, Erbsenpflanzen 14, Katzen 38, Schimpansen 48, Hühner 58 und Goldfische 94 Chromosomen. Der Mensch besitzt 46 Chromosomen, angeordnet in 23 Chromosomenpaaren. Jeweils ein Chromosom wird von der Mutter, das andere vom Vater ererbt.

Somatische Zellen – das sind die Körperzellen eines Organismus mit Ausnahme der Gameten oder Geschlechtszellen – sind diploid, das heißt sie besitzen einen in Paaren angelegten Chromosomensatz. Die Keim– oder Geschlechtszellen, also Ei– und Samenzelle, sind haploid, das heißt sie liegen in nur einer Ausführung vor. Während der Befruchtung werden die 23 Chromosomenpaare wieder hergestellt, wenn der Kern der Eizelle mit der Samenzelle verschmilzt. Frauen und Männer unterscheiden sich durch nur ein Chromosomenpaar: Männer haben ein X– und ein Y–Chromosom, Frauen dagegen zwei X–Chromosomen.

## DNA

Jedes Chromosom besteht aus einem langen DNA – Faden (die Abkürzung DNA steht für den englischen Begriff "deoxyribonucleic acid" = Desoxyribonukleinsäure). Dieses Molekül enthält sämtliche Informationen, die zur "Produktion" eines Lebewesens erforderlich sind. In der DNA liegt deshalb der Schlüssel der Vererbung verborgen. Die DNA ist eine Ansammlung von Nukleotiden, die ihrerseits aus drei Komponenten bestehen: einem Phosphatrest, einem Zuckermolekül und einer der vier Basen: Adenin (A), Guanin (G), Thymin (T) oder Cytosin (C). Jedes Nukleotid wird nach seiner Base als A, G, T oder C benannt.

Im Jahre 1953 entdeckten die Forscher James Watson und Francis Crick, dass sich das DNA – Molekül aus zwei komplementären Strängen zusammensetzt, die eine Doppelhelix (eine Art Wendeltreppe) bilden. Die beiden Stränge werden durch eine schwache chemische Verbindung zwischen den vier Basen zusammengehalten. Basenpaarungen entstehen nur zwischen G und C sowie zwischen A und T.

## DNA – Replikation

Die komplementäre Verbindung zwischen den Basen bedeutet, dass die Basensequenz jedes einzelnen Stranges aus der Basensequenz seines Partners geschlossen werden kann. Der Strang kann aus diesem Grunde verdoppelt werden – auch im Forschungslabor. Dies geschieht während der Zellteilung und wird als "DNA – Replikation" bezeichnet. Bei diesem Vorgang wird die genetische Information von Generation zu Generation weitergegeben.

Während der Zellteilung werden die beiden Stränge, zwischen denen nur eine schwache chemische Verbindung besteht, mit Hilfe eines bestimmten Enzyms getrennt. Andere Enzyme, die DNA – Polymerasen, haften sich an jeden Strang an und binden ein frei in der Zelle schwimmendes T – Nukleotid an ein A – Nukleotid, das selbe passiert zwischen einem C – und einem G – Nukleotid, usw. Auf diese Weise entsteht ein zweiter Strang. Beim Menschen müssen 46 Stränge der Doppelhelix kopiert werden, da es ja 23 Chromosomenpaare gibt. Dieser Vorgang dauert durchschnittlich acht Stunden.

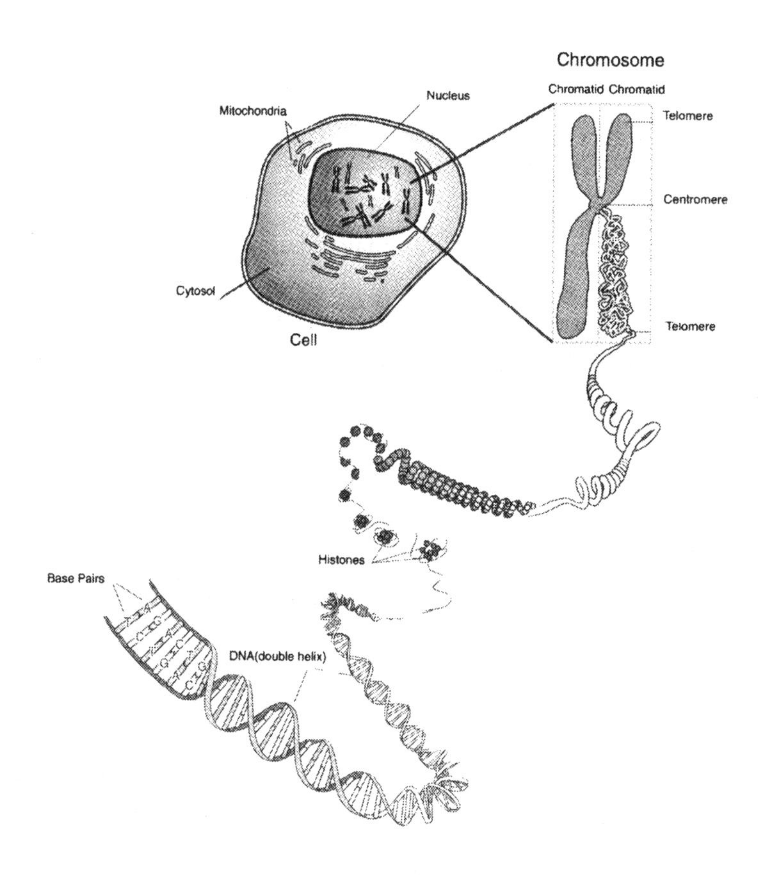


National Institutes of Health
National Human Genome Research Institute
Division of Intramural Research

*Chromosom*

## Gene

Die Kombination der Nukleotide entlang des DNA – Stranges ergibt Sätze oder "Sequenzen" in einer Sprache, die nur aus den vier Buchstaben A, T, C und G besteht. Diese Sequenzen spielen eine besondere Rolle in der Proteinsynthese, das heißt der Herstellung der Moleküle, welche die Zellen zum Überleben brauchen. Diese Sequenzen sind die linearen Anordnungen der Gene entlang der Chromosomen.

Der Mensch besitzt etwa 30 000 paarig angelegte Gene (jeweils ein Gen von Mutter und Vater). Die Gene enthalten sämtliche Anweisungen (Codes) zur Proteinsynthese. Unsere biologischen Funktionen, unser körperliches Erscheinungsbild, die Organisation unseres Körpers, alles hängt von einem oder mehreren Genen ab. Veränderungen auf der DNA, als "Mutationen" bezeichnen, können die Entwicklung oder das korrekte Funktionieren eines Organismus unterschiedlich stark beeinflussen. Diese Veränderungen, die sich auch aus Umweltfaktoren ergeben können, können Erbkrankheiten oder Krebs verursachen.

## Proteine

Proteine (Eiweiße) sind Makromoleküle, die aus einer oder mehreren Ketten von Aminosäuren bestehen.

Aus Proteinen bestehen zum Beispiel das Keratin in Haut und Haaren, das Kollagen der Sehnen, das Hämoglobin im Blut, sowie die meisten Enzyme und Insulin.

Die Anzahl der Aminosäuren in Proteinen ist höchst unterschiedlich. Es gibt 20 verschiedene Aminosäuren in sämtlichen Lebewesen, jede wird durch so genannte Basentripletts kodiert (Codons). Alles zusammen ergibt den genetischen Code (entdeckt 1963), der sämtliche Lebewesen betrifft.

Da auf der Grundlage der vier DNA – Basen immer drei aufeinander folgende ausgewählt werden, gibt es 64 (43) mögliche Codons, d.h. dass mehr als ein Codon die selbe Aminosäure kodieren kann. So kodieren zum Beispiel GCA, GCC und GCG für die Aminosäure Alanin, während CAA, CAG und CAT für Valin kodieren. Von allen möglichen Codons gibt es drei (ATT, ATC und ACT), die nicht für eine Aminosäure kodieren. Sie sind so genannte "nonsense – " oder Stopcodons, die das Ende der Proteinsynthese und so das Ende des Gens markieren.

Da der Gencode universell ist, können menschliche Gene auch in anderen Organismen, d.h. auch in tierischen oder pflanzlichen Organismen funktionieren. Die Erforschung der genetisch bedingten Erkrankungen und ihre Behandlung mittels Gentherapie basiert auf der Kenntnis der Sequenz mutierter Gene, welche die Ursache solcher Krankheiten sind.

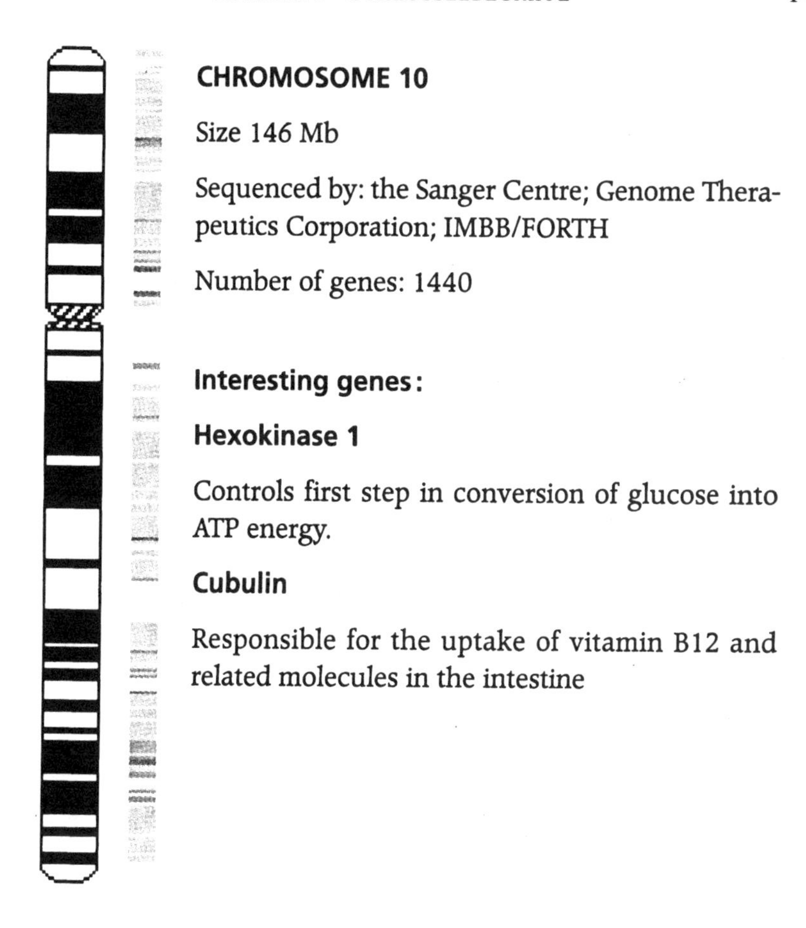


### Vom Gen zum Protein

Wie erhält die Zelle ein Protein aus einem Gen?

Gene enthalten Informationen, die durch die Stickstoffbasen Adenin (A), Thymin (T), Guanin (G) und Cytosin (C) in einer DNA – Sequenz kodiert sind.

Im Zellkern, der den größten Teil der zellulären DNA enthält, wird diese Botschaft der Buchstaben A, T, G und C in einen RNA – Strang umgeschrieben. Die RNA enthält Informationen, die mit einem ähnlichen Basensatz kodiert sind, mit einer wichtigen Ausnahme: Die RNA enthält Uracil (U) anstelle von Thymin (T) (die beiden Basen unterscheiden sich nur durch eine winzige chemische Veränderung).

Bedeutet das, dass ein RNA – Strang mit dem DNA – Strang, von dem er transkribiert wurde, vollkommen identisch ist? Nein, nicht vollkommen identisch.

Der neu transkribierte RNA – Strang ist der Komplementärstrang zur ursprünglichen DNA – Sequenz. Diese Eigenschaft basiert auf der natürlichen Paarung bestimmter Basenkombinationen – A mit U, G mit C. Andere Kombinationen sind nicht möglich. So würde also die DNA – Sequenz von TACTTGGCA in die RNA – Sequenz AUGAACCGU transkribiert werden.

Dieser RNA – Strang, als “messenger” oder Boten – RNA (mRNA) bezeichnet, wird einem Editierungsprozess unterzogen, in dem bestimmte Segmente entfernt werden. Danach verlässt die mRNA den Zellkern.

Nach dieser Modifikation dockt die mRNA an eine Zellorganelle, einem Ribosom an. Dort liefern die tRNA – Moleküle Aminosäuren an, die den durch das Triplett kodierten Informationen auf der mRNA entsprechen.

Dies ist der Beginn des Translationsprozesses, die Umwandlung der RNA – Botschaft in ein Polypeptid, der nächsten Stufe in der Proteinsynthese.

Die Translation oder Übersetzung der in der mRNA enthaltenen Informationen in ein Polypeptid oder einen Strang von Aminosäuren kann mit der Übersetzung eines Satzes aus einer Sprache in die andere verglichen werden: Die Sprache hat sich verändert, nicht aber die Bedeutung.

Das Polypeptid durchläuft anschließend eine Reihe von Modifikationen, zu denen eventuell die Hinzufügung chemischer Gruppen wie Zucker oder Kombinationen mit anderen Polypeptiden gehören. Dadurch entsteht ein “reifes” funktionales Protein.

## Die Mendel – Gesetze

Im Jahre 1866 entdeckte der moravische Mönch Gregor Johann Mendel die Gesetze der Vererbung. Bei der Überkreuz – Bestäubung von Erbsen mit gelben und grünen Samen bemerkte er, dass sämtliche entstandenen Erbsenpflanzen grüne Samen trugen. Dagegen ergab die Selbstbestäubung der Erbsen der ersten Generation einen Anteil von 25 % gelben Erbsen.

Mendel schloss daraus, dass eine Form (grün) eines Merkmals (Farbe) in der ersten Generation dominant war, und die zweite Form (gelb) erst in der zweiten Generation in Erscheinung trat. Heute wissen wir, dass die dominanten (grün) und die rezessiven (gelb) Formen eines Merkmals mit den dominanten und rezessiven Genen (Allelen) verbunden sind. Hat zum Beispiel ein

Individuum zwei rezessive Allele (eines von der Mutter, das andere vom Vater) geerbt, so werden die rezessiven Merkmale in Erscheinung treten. Bei einem Individuum, das sowohl ein dominantes als auch ein rezessives Allel geerbt hat, zeigt sich das dominante Merkmal. Dies erklärt die Unterschiede zwischen Individuen der selben Spezies (Gattung) und die Tatsache, dass die Merkmale vorangehender Generationen vererbt werden können.

Erste Generation
Zweite Generation
G = dominantes Gen
g = rezessives Gen

# Anhang II – Nützliche Internetadressen

## Allgemeine Informationen

AFM
http://www.afm – france.org

GeneLetter
http://www.geneletter.com

Genom Links
http://www.well.ox.ac.uk/ – johnb/genomic.html

Genom – Web
http://www.hgmp.mrc.ac.uk/GenomeWeb

Humgangenom – Projekt – Website (US)
http://www.ornl.gov/hgmis

Nationales Humangenom – Forschungsinstitut
http://www.nhgri.nih.gov/HGP

*Nature* Wissenschaftsmagazin
http://www.nature.com/nature
http://www.nature.com/genomics/human/

*Science* Wissenschaftsmagazin
http://www.sciencemag.org

Wellcome Trust
http://www.wellcome.ac.uk

## Firmen und Forschung

Celera Genomics
http://www.celera.com/genomics/genomics.cfm

Fondation Jean Dausset – Stiftung (CEPH)
http://www.cephb.fr

Estnische Genom – Stiftung
http://www.genomics.ee

Généthon
http://www.genethon.fr

GeneSage
http://www.genesage.com/company/people.html

Human Genome Sciences (Humangenom – Forschung)
http://www.hgsi.com

Myriad genetics
http://www.myriad.com

NCBI Genom – Sequenzierung
http://www. ncbi.nlm.nih.gov/genome/seq

The Institute for Genomics Research – Institut für Genomforschung (Tigr)
http://www.tigr.org

## Konventionen, Direktiven, Verträge

Verwaltungsrat der Europäischen Patentorganisation, Entscheidung des Verwaltungsrats vom 16. Juni 1999 zur Ergänzung der Durchführungsbestimmungen der Europäischen Patentkonvention
http://www.european – patent – officeorg/epo/ca/e/16_06_99_impl_e.htm

Europarat: Empfehlung 1512 der Parlamentarischen Versammlung http://stars.coe.int/ta/ta01/EREC1512HTM

Europarat: Konvention zum Schutze der Menschenrechte und der Menschenwürde bezüglich der Anwendung von Medizin und Biologie
http://www.book.coe.fr/conv/en/ui/frm/f164 – e.htm

Bericht über Biotechnologien des Komitees für Wissenschaft und Technologie der Parlamentarischen Versammlung des Europarates
http://www.stars.coe.int/doc/doc00/edoc8738.htm

Direktive 98/44/EC der Europäischen Union vom 6. Juli 1998 über den rechtlichen Schutz biotechnologischer Erfindungen
http://www.europa.eu.int/eur – lex/en/lif/dat/1998/en_398L0044html

Stellungnahme des Französischen Nationalen Beratenden Komitees für Bioethik bezüglich eines vorläufigen Gesetzentwurfs zur Eingliederung der Übertragung in den Code für geistiges Eigentum der Direktive 98/44/EC der Europäischen Union vom 6. Juli 1998 über den rechtlichen Schutz biotechnologischer Erfindungen
http://www.ccne – ethique.org/english/avis/a_064htm#deb

Humangenom – Organisation (HUGO), Erklärung zur gemeinsamen Nutzung (9. April 2000)
http://www.gene.ucl.ac.uk/hugo/benefit.html

HUGO, Erklärung über die Prinzipien der Durchführung der Genforschung (21. März 1997)
http://www.gene.ucl.ac.uk/hugo/conduct.htm

UNESCO Erklärung über das Humangenom und die Menschenwürde (1997)
http://www.unesco.org/human_rights/hrbc.htm

Konvention der Vereinten Nationen über biologische Verschiedenheit
http://www.biodiv.org/convention/articles.asp

## Genomsequenzierungsdaten

Celera Genomics
http://public.celera.com/index.cfm

United States National Centre for Biotechnology Information
http://www.ncbi.nlm.nih.gov/entrez/query.fcgi?db=Genome

University of California, Santa Cruz
http://genome.ucsc.edu

## Industrie und Genomforschung

Pharmaceutical Industry Profile 2000
http://www.phrma.org/publications

Pharmaceutical Research and Manufacturers of America (PhRMA)
http://www.phrma.org

## Andere nützliche Adressen

Association for Science Education
http://www.ase.org.uk/index.html

New Scientist Planet Science
http://www.newscientist.com

NFER
http://www.nfer.ac.uk/nfer2.htm

Sciencenet
http://www.sciencenet.org.uk

The Why Files
http://whyfiles.org

## Ethik in der Praxis/Practical Ethics

Studien/Studies

herausgegeben von Prof. Dr. Hans-Martin Sass (Universität Bochum/Georgetown University Washington)

Schriftleitung: Dr. Arnd T. May

Arnd T. May

**Autonomie und Fremdbestimmung bei medizinischen Entscheidungen für Nichteinwilligungsfähige**

Die Arbeit diskutiert das Prinzip der Selbstbestimmung des Patienten als handlungsleitendes Kriterium bei Entscheidungen für oder gegen medizinische Behandlungen. In die Selbstbestimmung des Patienten darf nur in begründeten Ausnahmefällen eingegriffen werden. Unterschiedliche Begründungsansätze von Medizinethik, Definitionsversuche von "Person" und von "Sterbehilfe" werden analysiert. Diese neuere rechtliche, medizinische und ethische Diskussion nach der Verabschiedung des Betreuungsrechtsänderungsgesetzes und neuerlicher Gerichtsentscheidungen wird ausführlich dargestellt. Eine Patientenverfügung in Kombination mit einer Vorsorgevollmacht ist als Information über Behandlungswünsche am besten geeignet und die Bedeutung wird zunehmend anerkannt. Bei Entscheidungen über Behandlungsverzicht und -abbruch ist eine hohe ethische Kompetenz des Bevollmächtigten und Betreuers zur Entscheidung nach den Wünschen und zum Wohle des Patienten erforderlich. Es werden neue Modelle zur ethischen Qualifizierung von Betreuern vorgestellt.

Bd. 1, 2. erw. Aufl. 2001, 408 S., 30,90 €, br., ISBN 3-8258-4915-5

Jürgen Barmeyer

**Praktische Medizinethik**

Die moderne Medizin im Spannungsfeld zwischen naturwissenschaftlichem Denken und humanitärem Auftrag. Ein Leitfaden für Studenten und Ärzte

Das vorliegende Buch hat zum Ziel, Ärzte und Medizinstudenten für die ethische Seite ihres Buches zu sensibilisieren. Die heutige, überwiegend naturwissenschaftlich orientierte Ausbildung zum Arzt gibt einem besonders wichtigen Bereich, nämlich der Vermittlung von Regeln für ärztlich-ethisches Verhalten gegenüber dem Kranken wenig Raum. Diese Lücke ein wenig zu schließen, ist die Absicht der Monographie. Das Konzept der Aussagen verfolgt einen ausschließlich praktisch-medizinethischen Ansatz, der frei von jeglicher Gesinnungsethik nach Regeln sucht, die suprakulturell als zur generellen Humanität am kranken .Menschen verpflichtende Regeln von allen Ärzten getragen werden können. Besonders deutlich kommt das in den Kapiteln über die Grenzen in der Medizin zum Ausdruck- und hier besonders in Kapiteln über Sterben und Sterbehilfe.

Bd. 5, 2., stark überarb. Aufl. 2003, 184 S., 20,90 €, br., ISBN 3-8258-4984-8

Ralf Bickeböller

**Grundzüge einer Ethik der Nierentransplantation**

Ärztliche Praxis im Spannungsverhältnis von pragmatischer Wissenschaftstheorie, anthropologischen Grundlagen und gerechter Mittelverteilung

Das Außergewöhnliche der Transplantationsmedizin ist nicht im Medizinisch-technischen der Therapieform zu suchen. Erst durch die Vorbedingungen der Transplantation eröffnet sich eine Diskussion, die weit über das "eigentlich" Medizinische hinaus ragt. Es sind dies Fragen, die vehement das Wesen des Menschen betreffen. Nicht umsonst nimmt die Transplantationsmedizin einen festen Platz in den Schlagzeilen ein. Insbesondere die Handlungsfelder der Organgewinnung und der Verteilung der knappen Ressource sind legitimationsbedürftig. Die vorliegende Studie unternimmt den Versuch, am Beispiel der Nierentransplantation die wissenschaftstheoretischen historischen und insbesondere ethisch-anthropologischen Vorbedingungen des Verfahrens zu erkunden. Jedes Kapitel läuft auf eine These zu, um in ihrer Zusammenfassung den konzentrierten Abschluß zu finden.

Bd. 6, 2001, 584 S., 45,90 €, br., ISBN 3-8258-4694-6

Jens Badura
**Die Suche nach Angemessenheit**
Praktische Philosophie als ethische Beratung
Die Studie bestimmt die Grundlagen einer *Ethik für die Praxis*, die als ethische Beratung *Hilfe zur Selbstaufklärung und Selbstorientierung moralischer Akteure* geben soll. Dabei werden zunächst die Schwierigkeiten etablierter Konzepte praxisbezogener Ethik analysiert. Ein Schwerpunkt liegt dabei auf der Frage nach deren Relevanz für die Lösung konkreter moralischer Fragen und Probleme. In Abgrenzung zu dem verbreiteten methodischen "Fundamentismus" in der Ethik wird ein kohärentistisches Ethikkonzept entfaltet, das den Anspruch an ethische Letztbegründung zurückweist und ein Verfahren zum vernünftigen Umgäng mit moralischen Fragen und Problemen skizziert *ohne* dabei letzte Prinzipien zu formulieren. Der Ansatz wird als moralphilosophische Grundlage einer beratungsorientierten Ethik spezifiziert und hinsichtlich anwendungsbezogener Fragen erläutert. Auf dieser Basis fußt das *3-Phasen-Modell ethischer Beratung*, welches sich methodisch an Konzepten "Philosophischer Beratung" und "Sokratischer Gespräche" anlehnt. Das Beratungskonzept wird abschließend im Fallbericht "Ethische Beratung für eine Nutztierschutzorganisation" auf seine Praxistauglichkeit hin untersucht.
Bd. 7, 2002, 240 S., 25,90 €, br.,
ISBN 3-8258-5537-6

Eva Baumann
**Die Vereinnahmung des Individuums im Universalismus**
Vorstellungen von Allgemeinheit illustriert am Begriff der Menschenwürde und an Regelungen zur Abtreibung
Der Universalismus ist eine Argumentationsfigur, mit der Macht begründet wird. Doch so, wie es unsinnig ist, jede Machtausübung abzulehnen, ist es unsinnig, jeden Universalismus zu verteufeln. Wenn man ihm eine Bevormundung von Individuen vorwerfen kann, dann in solchen Fällen, in denen er Allgemeingültigkeit nur unterstellt bzw. künstlich erzeugt. In der juristischen Verwendung des Menschenwürdebegriffs und in Regelungen zur Abtreibung sieht die Autorin Gefahren einer Vereinnahmung des Individuums. Dem setzt sie einen individualethischen Ansatz und das Konzept einer konkreten öffentlichen Rhetorik entgegen.
Bd. 8, 2001, 296 S., 25,90 €, br.,
ISBN 3-8258-5582-1

Susanne Freese
**Umgang mit Tod und Sterben als pädagogische Herausforderung**
Moderne medizinische Methoden der künstlichen Befruchtung und der pränatalen Diagnostik am Anfang des Lebens sowie der Intensivmedizin am Lebensende haben die Grenzen des Lebens heute unsicher werden lassen. Zugleich kann ein Rückgang von Riten und Traditionen im Umgang mit dem Tod beobachtet werden. Speziell der Situation der Kinder, deren innerpsychisches Erleben von Trauer vom vorgelebten Modell der Erwachsenen im Umgang mit der Thematik des Sterbens geprägt ist, wird zu wenig Aufmerksamkeit geschenkt.
Dieses Buch fordert Erziehende und Lehrer auf, den eigenen Umgang mit dem Tod zu überdenken, um sich und den Kindern einen angstfreien Zugang auf sterbende und trauernde Menschen zu ermöglichen.
Bd. 9, 2001, 248 S., 20,90 €, br.,
ISBN 3-8258-5587-2

Ilhan Ilkilic
**Der muslimische Patient**
Medizinethische Aspekte des muslimischen Krankheitsverständnisses in einer wertpluralen Gesellschaft
Bd. 10, 2002, 232 S., 25,90 €, br.,
ISBN 3-8258-5790-5

Corinna Iris Schutzeichel
**Geschenk oder Ware? Das begehrte Gut Organ**
Nierentransplantation in einem hochregulierten Markt
Die Schere klafft immer weiter auseinander. Während die Zahl der Organbedürftigen steigt, hat das 1997 in Kraft getretene Transplantationsgesetz nicht zu einem

größeren Angebot postmortaler Spenden geführt. Die Autorin diskutiert Modelle der Organlebendspende unter medizinischen, rechtlichen und ethischen Gesichtspunkten. Der restriktiven Haltung des Transplantationsgesetzes setzt sie ein Belohnungsmodell entgegen, das sich gegen einen staatlich – bevormundenden Pater-nalismus wendet und die Autonomie des mündigen Menschen in den Vordergrund stellt. Abgerundet wird die Arbeit durch einen Vorschlag zur Änderung des Transplantationsgesetzes.
Bd. 11, 2002, 376 S., 29,80 €, br.,
ISBN 3-8258-6350-6

Alexandra Manzei
**Körper – Technik – Grenzen**
Kritische Anthropologie am Beispiel der Transplantationsmedizin
Die vorliegende Studie thematisiert das Verhältnis von Körper und Technik in der modernen Medizin. Am Beispiel der Transplantationsmedizin fragt die Autorin nach der Bedeutung, die dieses Verhältnis für die Selbstdeutungen der Menschen in der technischen Zivilisation besitzt. Medizinische Technologie wird als eine Entfaltungsmöglichkeit menschlicher Existenz verstanden, die gleichwohl ihre Voraussetzungen und Grenzen in der leiblichen Natur des Menschen findet. Im Rahmen ihres Konzepts einer kritischen Anthropologie plädiert die Autorin deshalb für eine differenzierte Auseinandersetzung mit den Möglichkeiten und Grenzen medizinischer Technologie, die an den konkreten Erfahrungen der Betroffenen orientiert ist.
Bd. 13, 2003, 296 S., 25,90 €, br.,
ISBN 3-8258-6652-1

Oliva Wiebel-Fanderl
**Herztransplantation als erzählte Erfahrung**
Der Mensch zwischen kulturellen Traditionen und medizinisch-technischem Fortschritt
Dieses Buch thematisiert wie Menschen ihre Erfahrungen mit chronischer Krankheit und Organwechsel in ihren Erzählungen weitergeben. Der Erzählforscherin geht es dabei nicht um den objektiven Verlauf eines Krankheitsgeschehens. Ihr Interesse konzentriert sich vornehmlich auf die Muster des Erzählens, die nicht nur als gegenwärtige Kommunikationsformen angesehen werden, sondern in ihren historischen und kulturellen Voraussetzungen als Formen des individuellen und kollektiven Bewusstseins analysiert werden. Grundlage ihres Forschungsansatzes ist die These, dass es, um den Menschen in seiner Geschichte, in seinen Handlungen und Erzählungen zu verstehen, notwendig ist, die Geschichte im Menschen zu kennen. Denn zwischen subjektiver, persönlicher und kollektiver Geschichte besteht immer eine dialektische Wechselbeziehung.
Bd. 14, 2003, 520 S., 39,90 €, br.,
ISBN 3-8258-6865-6

Peter Schröder
**Gendiagnostische Gerechtigkeit**
Eine ethische Studie über die Herausforderungen postnataler genetischer Prädiktion
Werden die neuen und anwachsenden Möglichkeiten der gendiagnostischen Prädiktion zu mehr Gesundheit und Lebensqualität beitragen oder werden sie Diskriminierungen und Ungerechtigkeiten herbeiführen? Diesen Fragen geht der Autor in seinen ethischen Analysen nach.
Bd. 16, 2004, 456 S., 29,90 €, br.,
ISBN 3-8258-7463-x

Sibylle H. L'hoste
**Ambivalenz der Medizin am Beginn des Lebens**
Der Schwangerschaftsabbruch. Kann die Philosophie zu einer Lösung beitragen?
Unter Anerkennung des gesellschaftlichen Dissenses und der Ambivalenz in der Frage des Schwangerschaftsabbruchs sucht die Autorin nach praktischen Lösungen. Dabei kommt sie zu dem Ergebnis, dass auf dem Wege einer Rückbesinnung auf die menschliche Grundkonstitution der Unvollkommenheit humane und verantwortbare Lösungen möglich sind – auch in bioethischen und politischen Fragen.
Bd. 17, 2004, 232 S., 24,90 €, br.,
ISBN 3-8258-7566-0

LIT Verlag Münster – Berlin – Hamburg – London – Wien
Grevener Str./Fresnostr. 2 48159 Münster
Tel.: 0251 – 62 032 22 – Fax: 0251 – 23 19 72
e-Mail: vertrieb@lit-verlag.de – http://www.lit-verlag.de

## Ethik in der Praxis/Practical Ethics

Kontroversen/Controversies
herausgegeben von Prof. Dr. Hans-Martin Sass (Universität Bochum/Georgetown University Washington)
Schriftleitung: Dr. Arnd T. May

Rainer Wettreck
**"Am Bett ist alles anders." – Perspektiven professioneller Pflegeethik**
Bd. 6, 2001, 304 S., 20,90 €, br.,
ISBN 3-8258-5410-8

Dietrich von Engelhardt; Volker von Loewenich; Alfred Simon (Hg.)
**Die Heilberufe auf der Suche nach ihrer Identität**
(Jahrestagung der Akademie für Ethik in der Medizin e. V., Frankfurt 2000)
Bd. 7, 2001, 200 S., 20,90 €, br.,
ISBN 3-8258-5505-8

Antje Gimmler; Christian Lenk; Gerhard Aumüller (Ed.)
**Health and Quality of Life**
Philosophical, Medical, and Cultural Aspects
Bd. 9, 2002, 224 S., 30,90 €, br.,
ISBN 3-8258-5739-5

Bernd Goebel; Gerhard Kruip (Hg.)
**Gentechnologie und die Zukunft der Menschenwürde**
Viele Mediziner setzen große Erwartungen in den Einsatz gentechnologischer Verfahren. Von der Forschung an menschlichen Embryonen, dem therapeutischen Klonen und der Präimplantationsdiagnostik erhoffen sie sich den Durchbruch bei der Prävention und Therapie schwerster und weit verbreiteter Krankheiten. Aber während ein solcher medizinischer Fortschritt allenthalben als wünschenswert erachtet wird, scheiden sich an der Bewertung der dabei eingesetzten Mittel und deren Gesamtfolgen die Geister. Die Frage nach dem moralischen Status des menschlichen Embryos steht im Mittelpunkt dieser Debatte, die hier in interdisziplinärer Perspektive von Philosophen, Theologen, Medizinern und Juristen fortgesetzt wird.
Bd. 10, 2002, 160 S., 17,90 €, br.,
ISBN 3-8258-5749-2

Angela Brandt; Dietrich v. Engelhardt; Alfred Simon; Karl-Heinz Wehkamp (Hg.)
**Individuelle Gesundheit versus Public Health**
Impulse aus der Jahrestagung Hamburg 2001
Lassen sich weitere Verbesserungen der Gesundheit erreichen bzw. läßt sich der aktuelle Gesundheitsstatus angesichts der derzeitigen Entwicklungen sichern? Läßt sich eine verbesserte Effizienz im Gebrauch der gesundheitlichen Ressourcen einschließlich der Reduzierung eskalierender Kosten erreichen? Braucht Public Health somit eine andere ethische Orientierung als die Individualmedizin? Was sind gute Ziele von Public Health?
Aus unterschiedlichen Perspektiven beleuchten die Beiträge des Sammelbandes die Insbesondere ethische Problematik dieser Gesundheitspolitischen Fragen.
Bd. 11, 2002, 224 S., 20,90 €, br.,
ISBN 3-8258-5765-4

Gottfried Orth (Hg.)
**Forschen und tun, was möglich ist? – Humangenomprojekt und Ethik**
Mit Beiträgen von Jens Reich, Günter Altner, Friedrich Cramer, Helmut Blöcker, Joseph Straus, Irmgard Nippert, Wolf-Dieter Narr, Rüdiger Cerff und Gottfried Orth
Streitgespräche um die Humangenetik sind heute wichtiger denn je. Schlagzeile an Schlagzeile reihen sich Erfolgsmeldungen über die Erforschung des menschlichen Genoms. Die Faszination ist groß. Viele Versprechen werden damit verbunden: Gesundheit, Schönheit, Jugendlichkeit, Planbarkeit und vieles andere, nicht zuletzt steigende Börsenkurse. Der ethische Diskurs bleibt dahinter meist zurück. Doch es ist von zukunftsentscheidender Bedeutung, die anthropologischen, kulturtheoretischen

LIT Verlag Münster – Berlin – Hamburg – London – Wien
Grevener Str./Fresnostr. 2 48159 Münster
Tel.: 0251 – 62 032 22 – Fax: 0251 – 23 19 72
e-Mail: vertrieb@lit-verlag.de – http://www.lit-verlag.de

und ethischen Fragen und die möglichen Folgen dieses biotechnologischen Fortschritts kritisch zu diskutieren. Die hier dokumentierte Ringvorlesung der Technischen Universität Braunschweig führt ein in den gegenwärtigen Stand biotechnologischer Wissenschaft und sie stellt kritische wissenschaftstheoretische Fragen, weist auf ethische Problemstellungen hin und stellt politologische und theologische Überlegungen zur Gentechnologie vor.
Bd. 12, 2002, 152 S., 15,90 €, br.,
ISBN 3-8258-5887-1

Hans Lenk
**Erfolg oder Fairness?**
Leistungssport zwischen Ethik und Technik
Für Hochleistungsathleten ist die „wichtigste Nebensache der Welt" inzwischen vielfach zu einer existenziellen Hauptsache geworden. Lebens- und Berufschancen hängen vom sportlichen Erfolg ab. Wie in anderen Hochleistungs- und Konkurrenzsystemen werden alle Möglichkeiten der Leistungssteigerung ausgenutzt – insbesondere technische Hilfsmittel, wissenschaftliche Untersuchungen und raffinierte Entwicklungen der Trainingsprogramme, der Ernährung und wissenschaftlichen Begleitforschungen. Hat Fairness noch eine Chance? Oder wird die Ethik zwischen Leistungsdruck und Technik zerrieben? Letztlich hilft im Hochleistungssport nur eine Entdramatisierung der „Singulärsiegerorientierung" und eine angemessene Humanisierung.
Der Autor hat seit 30 Jahren auf diese Probleme aufmerksam gemacht, z. B. schon damals unangemeldete Dopingkontrollen im Training gefordert und das Leitbild des „mündigen Athleten" vorgeschlagen, um diesen Erscheinungen zu begegnen und den Sport und seine Werte akzeptabel zu halten. Als ehemaliger Olympiasieger sowie Gründer und Trainer eines Weltmeisterachters kennt er die Probleme aus intensiver persönlicher Erfahrung. Seine Ausblicke und Thesen zur Zukunftsfähigkeit des Spitzensports und den gesellschaftlichen Werten des Sports sind insgesamt trotz aller Schwierigkeiten positiv und konstruktiv.
Bd. 13, 2002, 296 S., 19,90 €, br.,
ISBN 3-8258-6105-8

Oliver Tolmein; Walter Schweidler (Hg.)
**Was den Menschen zum Menschen macht**
Eine Gesprächsreihe zur Bioethik-Diskussion. Mit Beiträgen von Hertha Däubler-Gmelin, Robert Spaemann, Walter Schweidler u. a.
Die Menschheit wächst global zusammen, aber zugleich spalte sie sich radikal. Menschliches Leben wird zum Rohmaterial für Heil- und Forschungszwecke. Wird die Frage, was den Menschen zum Menschenmacht, zu einer Sache politischer Entscheidungen und ökonomischer Kosten-Nutzen-Rechnung oder bleibt die Antwort unserer Willkür entzogen? Um dieses Thema wird in einer Reihe von Gesprächen anhand konkreter Entscheidungsfälle aus philosophischer, politischer und medizinischer Sicht kontrovers diskutiert.
Bd. 16, 2003, 128 S., 19,90 €, br.,
ISBN 3-8258-6339-5

Christof Mandry (Hg.)
**Literatur ohne Moral**
Literaturwissenschaften und Ethik im Gespräch
Ästhetik und Ethik stehen in Spannung zu einander von der moralischen Kritik am literarischen Kunstwerk bis hin zur literarischen Verabschiedung eines verantwortlichen ethischen Subjekts. Wie kann sich Ethik mit dem literarischen Kunstwerk beschäftigen ohne die Autonomie der Kunst in Frage zu stellen? Wie geht die Literaturwissenschaft mit moralischen Fragen um, die in der Literatur ästhetisch verarbeitet werden? Wie nimmt sie die ethische Reflexion wahr, die im Medium der Literatur: entfaltet wird? In diesem Buch treten Vertreter(innen) der Literaturwissenschaften und der Ethik in eine produktive Auseinandersetzung über das Spannungsverhältnis von Literatur und Ethik ein. Dabei werden neuere Theorieansätze in den Literaturwissenschaften und

St

der Ethik interdisziplinär diskutiert, so dass weiterführende Fragestellungen in Richtung einer „Literaturethik" sichtbar werden. Dieses Buch geht auf eine interdisziplinären Fachtagung an der Universität Tübingen zurück, die im Rahmen des wissenschaftlichen Begleitprogramms Einführung des Ethisch-Philosophischen-Grundlagenstudiums (EPG) in die baden-württembergische Lehrer(innen)bildung veranstaltet wurde.
Bd. 18, 2003, 152 S., 19,90 €, br.,
ISBN 3-8258-6450-2

Arnd T. May; Sylke E. Geißendörfer; Alfred Simon; Meinolfus Strätling (Hg.)
**Passive Sterbehilfe: besteht gesetzlicher Regelungsbedarf?**
Impulse aus einem Expertengespräch der Akademie für Ethik in der Medizin e. V.
Der vorliegende Band geht auf ein Expertengespräch der AG „Sterben und Tod" innerhalb der Akademie für Ethik in der Medizin e. V. (AEM) am 5.–6. 07. 2002 zurück. Die Diskussion innerhalb der Arbeitsgruppe mit dem Ergebnis eines grundsätzlichen Klarstellungsbedarfs durch den Gesetzgeber zu den Rahmenbedingungen der passiven Sterbehilfe wird durch die Beiträge nachgezeichnet und ergänzt.
Die Herausgeber möchten einen Beitrag zum interdisziplinären und gesellschaftlichen Diskurs über die Frage der passiven Sterbehilfe leisten, ohne eine der dargestellten Positionen zu favorisieren. Auch die Arbeitsgemeinschaft „Sterben und Tod" der AEM sieht es als ihre Aufgabe, die Reformdiskussion zu Regelungen der passiven Sterbehilfe zu unterstützen und wird hierzu Vorschläge an den Gesetzgeber erarbeiten.
Bd. 19, 2002, 200 S., 19,90 €, br.,
ISBN 3-8258-6461-8

Christof Mandry (Hg.)
**Kultur, Pluralität, Ethik**
Perspektiven in Sozialwissenschaften und Ethik. Mit Beiträgen von Burkhard Liebsch, Siegfried Weichlein, Brigitte Rauschenbach, Jens Badura, Regina Ammicht Quinn und Thomas Biebricher
Spätestens sobald Konflikte und Missverstehen zwischen Kulturen oder sobald Identitäten und Differenzen innerhalb von Gesellschaften in den wissenschaftlichen Blick geraten, wird die Reflexion auf den eigenen kulturellen Standpunkt und seine Wertannahmen unumgänglich. Wie nehmen Sozial- bzw. Kulturwissenschaften und Ethik jeweils die evaluativen und normativen Dimensionen von Kultur wahr und wie gehen sie angesichts des Kultur- und Wertepluralismus mit ihrem eigenen Standpunkt um? Wenn soziale Zusammenhänge und zivilisatorische Errungenschaften unter dem Stichwort „Kultur" prinzipiell vergleichbar werden, stellt sich die Frage, ob sich über- oder interkulturell gültige Maßstäbe ausweisen lassen. Wie kann eine „Ethik der Kultur" aussehen, liegt doch „Kultur" jeder Beschäftigung mit ihr immer schon voraus? Zur Beantwortung dieser Fragen bringen die Beiträge dieses Buches unterschiedliche Zugangsweisen aus Geschichtswissenschaft, Soziologie, Politikwissenschaft und Philosophie über Kultur, Pluralität und Ethik mit einander ins Gespräch. Dieses Buch geht auf eine interdisziplinäre Fachtagung an der Universität Tübingen zurück, die im Rahmen des wissenschaftlichen Begleitprogramms zur Einführung des Ethisch-Philosophischen- Grundlagenstudiums (EPG) in die baden-württembergische Lehrer(innen)bildung veranstaltet wurde.
Bd. 20, 2003, 160 S., 14,90 €, br.,
ISBN 3-8258-6880-x

LIT Verlag Münster – Berlin – Hamburg – London – Wien
Grevener Str./Fresnostr. 2 48159 Münster
Tel.: 0251 – 62 032 22 – Fax: 0251 – 23 19 72
e-Mail: vertrieb@lit-verlag.de – http://www.lit-verlag.de